国家中职示范校模具类技能人才培养系列教材

编审委员会名单

国家中职示范校模具类技能人才培养系列教材

塑料模具结构及拆装测绘实训教程

郭志强　编

化学工业出版社
·北京·

本书主要内容包括：塑料及塑料制品，注塑成型模具结构及基础知识，注塑模具的拆装，注塑模具零部件的测绘，实训单元，附录。每节前一部分为基础知识，后一部分为内容的复习和深化，里面的习题供读者练习巩固，加深印象。习题形式有填空、选择、判断、结构题、问答题等。

本书适合中高职模具、机械工程专业学生、技术指导教师，适合模具钳工、工长和技术人员培训，适合绘图人员、实习人员、生产和供销人员等参考学习。

图书在版编目（CIP）数据

塑料模具结构及拆装测绘实训教程/郭志强编. —北京：化学工业出版社，2015.11（2023.9重印）
国家中职示范校模具类技能人才培养系列教材
ISBN 978-7-122-25359-0

Ⅰ.塑… Ⅱ.①郭… Ⅲ.①塑料模具-结构-中等专业学校-教材②塑料模具-装配（机械）-中等专业学校-教材③塑料模具-测绘-中等专业学校-教材 Ⅳ.①TQ320.5

中国版本图书馆CIP数据核字（2015）第240330号

责任编辑：李　娜　　装帧设计：王晓宇
责任校对：王素芹

出版发行：化学工业出版社（北京市东城区青年湖南街13号　邮政编码100011）
印　　装：北京科印技术咨询服务有限公司数码印刷分部
787mm×1092mm　1/16　印张8½　字数198千字　2023年9月北京第1版第3次印刷

购书咨询：010-64518888　　售后服务：010-64518899
网　　址：http://www.cip.com.cn
凡购买本书，如有缺损质量问题，本社销售中心负责调换。

定　　价：25.00元

序

职业教育需要根据行业的发展和人才的需求设定人才的培养目标，当前各行业对技能人才的要求越来越高，而激烈的社会竞争和复杂多变的就业环境，也使得职业院校学生只有扎实地掌握一技之长才能实现就业。但是，加强技能培养并不意味着弱化或放弃基础知识的学习；只有扎实地掌握相关理论基础知识，才能自如地运用各种技能，甚至进行技术创新。所以如何解决理论与实践相结合的问题，走出一条理实一体化的教学新路，是摆在职业教育工作者面前的一个重要课题。

项目任务式教学教材就很好地体现了职业教育理论与实践融为一体这一显著特点。它把一门学科所包含的知识有目的地分解分配给一个个项目或者任务，理论完全为实践服务，学生要达到并完成实践操作的目的就必须先掌握与该实践有关的理论知识，而实践又是一个个有着能引起学生兴趣的可操作项目。这是一种在目标激励下的了解和学习，是一种完全在自己的主观能动性驱动下的学习，可以肯定这种学习是一种主动的有效的学习方式。

编写教材是一项创造性的工作，一本好教材凝聚着编写人员的大量心血。今天职业教育的巨大发展和光明前景，离不开这些致力于好教材开发的职教工作者。现在奉献给大家的这一套模具类技能人才培养系列教材，是在新形势下根据职业教育教与学的特点，在经历了多年的教学改革实践探索后编写的比较好的教材。该系列教材体现了作者对项目任务教学的理解，体现了对学科知识的系统把握，体现了对以工作过程为导向的教学改革的深刻领会。

本系列教材内容统筹规划，合理安排知识点与技能训练点，教学形式生动活泼，尽可能使教材体系和编写结构满足职业教育模具类技能人才培养教学要求。

我们衷心希望本套教材的出版能够对目前职业院校的教学工作有所帮助，并希望得到职业教育专家和广大师生的批评与指正，以期通过逐步调整、完善和补充，使之更符合模具类技能人才培养的实际。

国家中职示范校模具类技能人才培养系列教材编审委员会

2013 年 9 月

前　言 FOREWORD

《塑料模具结构及拆装测绘实训教程》一书综合性和专业性强，是模具制造技术专业重要的专业课程。本书内容包括5个主要章节及“附录”六大部分。涉及内容包含塑料及塑料制品结构基础、塑料模具结构（注塑模具）基础、模具的拆装技术、零件的测量技术以及模具的绘图技术等。

教材适用范围：模具、机械工程专业学生，技术指导教师；模具钳工，工长和技术人员培训，绘图人员，实习人员，生产和供销人员等。

教材特点：本教材的主要特点是通过“实训单元”来制定学习计划，即通过工作范围（实际工作任务）来选择教学内容，在这个框架内，同时追求技术知识水平和动手能力。本书以“测绘塑料制品”、“测绘塑料模具标准件”、“拆装测绘典型标准模架”和“拆装测绘典型塑料模具”四个学习单元为主线，每个单元有不同的工作任务（使用者可按实际需要，在这框架内自行挑选或设计工作任务），在完成不同工作任务过程中，结合本书的前4个主要章节来制定课堂教学目标、时间与工作计划、操作及检验评估过程，提高分析问题和解决问题的能力，训练合作学习和自我计划的独立学习能力。

尽可能用图形、表格来描述问题是本书的另一特点。同时，使用者注意要在操作过程中能充分利用其他专业书籍、专业图表手册、设备制造商新产品目录和互联网页。

笔者通过在德国的学习和之后的合作办学过程中，体会到德国职业教育对基础知识及标准规范的重视，深感以工作过程为导向的教学理念在职业教育中的重要性。作者参阅了大量同类书籍资料，尝试着以此理念来编写本教材。

本书由广东省轻工职业技术学校郭志强编写。

由于时间有限，未能设计挑选更多、更典型的图例来说明问题，期待以后进一步完善。限于编者水平，书中难免有疏漏和不足之处，敬请读者批评指正。

编　者
2015年10月

目　录 CONTENTS

1 塑料及塑料制品

1.1 塑料

塑料是人工合成的有机材料。它由各种原料，例如石油，经过化学转换（人工合成）后制成。

1.1.1 塑料特性及其应用

在当今的工业领域内，塑料作为工程材料占有重要的地位。它在应用方面的多面性是基于它的特殊性能，如表1.1所示。

表1.1 塑料的典型应用

应用范围	典型实例		
● 容器 ● 载重汽车零件 ● 飞机零件 ● 轻型零件	 容器，油桶	 风扇叶轮	 轿车仪表盘
● 机器零件 ● 橡胶弹性零件 ● 壳体	 传动齿轮箱零件	 轿车轮胎	 机器罩壳

续表

应用范围	典型实例		
● 工具把手 ● 电器零件 ● 隔热材料	工具把手	交流电插头	隔热板
● 化学药剂容器 ● 管道 ● 管道附件 ● 涂层材料	轿车发电机机壳	管道衬里	涂层材料

塑料的典型性能

- 低密度。
- 根据不同的种类，可硬、可弯曲或富有弹性。
- 电绝缘，隔热。
- 耐气候变化，耐化学药剂。
- 表面光滑，有装饰性。
- 加工成型的成本低廉。

但是塑料也有限制其应用的性能

- 与金属相比，其耐热性能较差。
- 部分塑料可燃。
- 其强度明显低于金属的强度。
- 部分塑料不耐溶剂。
- 塑料只能有限地回收利用。

1.1.2 塑料的组成及分类

塑料是以树脂为基体，以填充剂、增塑剂、稳定剂、润滑剂、着色剂等添加剂为辅助成分，在一定的温度和压力下流动成型的高分子有机材料。

塑料按其受热特性分为两种：热塑性塑料、热固性塑料。每种塑料都有其特殊的内部结构，加热时都有类似的机械特性。

热塑性塑料

热塑性塑料的特性是在特定温度范围内能反复加热软化和冷却硬化。

常见的热塑性塑料有聚乙烯塑料、聚丙烯塑料、聚苯乙烯塑料、聚氯乙烯塑料等。如，我们常见的矿泉水瓶、塑料袋等，如表1.2所示。

表 1.2 常见热塑性塑料性状及用途

塑料名称	性　　状	用　　途	典 型 用 途
聚乙烯 (PE)	无色，蜡状，表面有自润滑性。形状的热稳定性最大达 80℃，可耐酸和碱。大批量制造的塑料价格低廉	● 低压聚乙烯(坚硬)用于：容器，管道，槽罐，轴承内圈(见右图) ● 高压聚乙烯(柔软)用于：包装和收缩的弹性薄膜	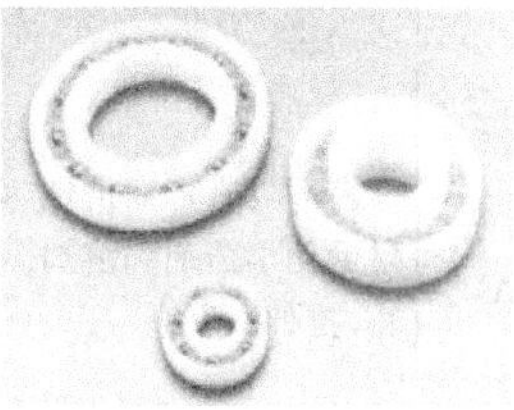 滚子轴承
聚丙烯 (PP)	与低压聚乙烯(坚硬)的性能非常类似，但其形状的热稳定性最大达 130℃	● 洗衣机零件，载重卡车零件，容器，燃料槽罐	 燃料槽罐
聚氯乙烯 (PVC)	无色，可耐化学药剂。 硬聚氯乙烯：硬，有韧性，难以打碎。 软聚氯乙烯：软橡胶弹性或皮革状	● 硬聚氯乙烯：排水管(见右图)，机壳，窗框，阀门 ● 软聚氯乙烯：人造皮革，软管，套鞋，防护手套，电缆包皮	 排水管道
聚苯乙烯 (PS)	表面质量高，可以耐受稀释的酸和碱。纯聚苯乙烯坚硬，脆性大，抗打击性差	● 机器和装置的外壳，坚硬的轿车外壳和成型件 ● 发泡的聚苯乙烯：具有极佳的隔热性能，用于隔热板，包装材料(见右图)	 隔热板
聚碳酸酯 (PC)	透明不褪色，透光不失真。具有冲击韧性，不易碎。可耐受稀释的酸和碱。在热环境中形状稳定，良好电绝缘性、可加工性	● 不易碎的镶装玻璃，排风扇，电气开关和电气插头，绘图仪器(见右图)	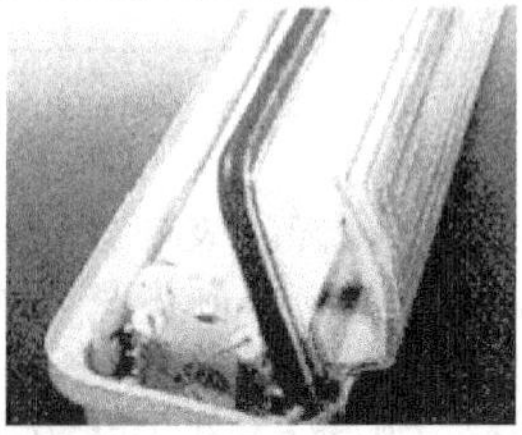 灯具盖板
丙烯腈-丁二烯-苯乙烯共聚物 (ABS)	综合性能好，形状热稳定性最大达到约 120℃，耐气候变化，不会发黄，很适宜注射成型	● 外壳、轿车和电器零件(见右图)	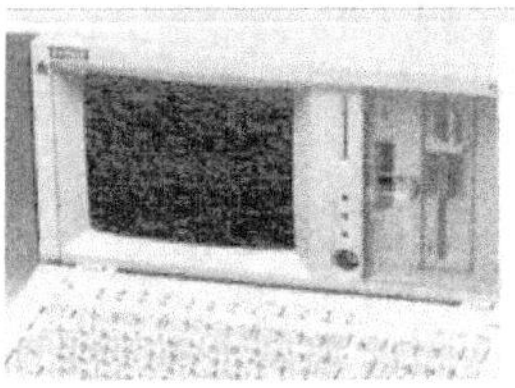 计算机外壳

续表

塑料名称	性状	用途	典型用途
聚酰胺(PA)	表面具有自润滑性,耐磨损。可耐受化学药剂和溶剂。坚硬,有韧性,拉伸强度高	● 轴承套,齿轮,滚珠轴承保持架,滑动导轨,轿车进气罩(见右图)	齿轮
聚甲基丙烯酸甲酯(又称有机玻璃,PMMA)	无色,透明,不褪色,可加工成光学玻璃。坚硬,有韧性,难打碎。可耐受稀释的酸和碱以及环境杂质,可溶于若干种溶剂	● 防护眼镜,透明罩壳,屋顶玻璃,卫生洁具,汽车后灯(见右图)	轿车后灯罩壳
聚四氟乙烯(PTFE)	蜡状,表面有自润滑性,软,可弯曲并有韧性,耐磨损,可耐大部分化学药剂。可耐受的温度范围很大	● 轴承套,导轨的滑动面,密封件,涂层材料,润滑剂(见右图)	密封件
聚甲醛(POM)	表面有自润滑性,耐磨损,高强度,高硬度,高刚性,低温下仍保持良好韧性,良好的弹性。耐稀酸稀碱	● 齿轮,链条节,钩子(见右图)	蜗轮蜗杆传动
聚对苯二甲酸乙二醇酯(PBT)	象牙色;表面光滑,耐磨损;高刚性;形状的热稳定性最大达140℃。可耐受燃料、润滑剂和溶剂;具有良好电绝缘性能	● 电气元件,外壳,电路板(见右图)	插头,插座,电路板

热固性塑料

热固性塑料受热后即成为不熔的物质，再次受热不再具有可塑性。

常见的热固性塑料有：胶木、电玉、装饰板及不饱和聚酯塑料等，如表 1.3 所示。

表 1.3　常见热固性塑料性状及用途

塑料名称	性　状	用　途	典型用途
不饱和聚酯树脂(UP)	无色,透明,表面有光泽。不同种类,分别从坚硬和脆性到韧性良好和有弹性。液态树脂有良好黏附性和可浇注性	● 可做玻璃纤维增强塑料零件的基本树脂(见右图),做金属的黏结树脂,防划痕油漆,铸模的浇铸树脂,纤维的原始树脂	轿车保险杠
环氧树脂(EP)	从无色到蜜黄色,硬弹性,有冲击韧性。可黏结在金属上,有良好可浇注性。可耐弱酸、弱碱。可受高温达 180℃	● 可用做黏结树脂、清漆树脂和浇铸树脂以及模塑材料、铸造车间砂箱泥芯和玻璃纤维增强塑料等的黏合树脂(见右图)	EP 制成的点火分电器罩
玻璃纤维增强的聚酯树脂和环氧树脂	性能取决于所采用的塑料和纤维类型,以及所占比例和纤维在工件中的排列	● 汽车和飞机制造业(结构零件,汽车弹簧,万向轴) ● 运动器材制造业(滑雪板,网球拍,艇身) ● 土木工程(外墙,屋顶)	载重汽车发动机罩
聚氨酯树脂(PUR)	蜜黄色,透明。分别从硬弹性和有韧性直到橡胶弹性。具有良好黏附性。可受弱酸弱碱,可发泡	● 硬 PUR:轴承套,齿轮,滚轮(见右图) ● 中硬 PUR:齿形皮带,防撞保险杠 ● 软 PUR:密封件、电缆皮	轴承套

本小节内容的复习和深化

(一) 选择题

1. 下列哪些塑料属热塑性塑料？________。

A. 聚酰胺　　B. ABS　　C. 酚醛塑料　　D. 聚乙烯

2. 按照用途，塑料可以分为：________。

A. 特种塑料　　B. 通用塑料　　C. 工程塑料　　D. 有机塑料

3. 全世界公认的塑料有五大种：聚乙烯、聚丙烯、聚氯乙烯、聚苯乙烯及________。

A. 氨基塑料　　B. 聚碳酸酯　　C. 有机玻璃　　D. 酚醛塑料

4. 下列塑料中文名与其相对应的英文简称一致的是：________。

A. 聚碳酸酯（PC）　　B. 聚乙烯（PE）　　C. 聚丙烯（PP）　　D. 尼龙（PF）

5. 与普通金属材料相比，塑料一般具有的优点有：________。

A. 成型着色性能好，具有多种防护性能　　B. 绝缘性好，化学稳定性好

C. 密度小，比强度与比刚度高　　D. 减摩、耐磨及自润滑性能好

（二）配对题

把塑料的相关应用的序号写到其对应的塑料名称上。

	塑料名称		塑料的应用
	低密度聚乙烯	1	电器装置
	聚甲基丙烯甲酯	2	透明装饰材料、灯罩、挡风玻璃、仪器表壳
	尼龙 66	3	高抗冲的透明件，作高强度及耐冲击的零部件
	ABS 塑料	4	电器用品外壳、日用品、高级玩具、运动用品
	聚碳酸酯	5	包装胶袋、胶花、胶瓶电线、包装物等

（三）问答题

1. 塑料有哪些典型性能？
2. 塑料如何分类？
3. 为什么热塑性塑料可以焊接，而热固性塑料和弹性体却不能？
4. 缩写名称 PE、PA、PUR 对应哪种塑料？
5. 请您列举出三种热塑性塑料的名称、缩写符号及其典型用途。
6. 聚氨酯树脂有哪些用途？

1.2 塑料制品

1.2.1 塑料制品底部的数字

塑料在我们生活中随处可见，塑料制品是由不同材质制成的，材质不同，应用也不同。塑料瓶底部的数字分别代表不同的材质，见表 1.4。

表 1.4 塑料制品底部数字的含义与应用

数字	符号	代表材料	主要应用	说明
1	1 PET	聚对苯二甲酸乙二醇酯	矿泉水瓶、碳酸、果汁饮料瓶和酱油醋瓶等	耐热温度为 70℃，只适合装暖饮或冻饮，装开水或加热则易变形，对人体有害的物质也会溶出
2	2 HDPE	高密度聚乙烯	与其他塑料制成复合薄膜，清洁用品、沐浴产品容器；电线电缆等	商场中使用的塑料袋多是此种材质制成，可耐 110℃高温，标明食品用的可用来盛装食品
3	3 PVC	聚氯乙烯	排水管道，装饰吊顶；也用来制造静脉注射输液袋及一次性无菌输注器具等	但若长期使用可导致有害物质堆积，故从安全的角度考虑，医药行业选择非 PVC 材料是今后的趋势
4	4 LDPE	低密度聚乙烯	大量用于包装、生产食品的保鲜膜和装食品的塑料袋等	食物加热时，油脂很容易将保鲜膜中的有害物质溶解出来。故食物入微波炉，先要取下包裹着的保鲜膜
5	5 PP	聚丙烯	用于容器、包装薄膜等	唯一可以放进微波炉内，而且可以反复使用的塑料容器。故可作为储物容器存放食物、油类和调味品等
6	6 PS	聚苯乙烯	用于水果、蔬菜的包装薄膜；用于快餐盒等泡沫塑料等	但不耐高温，故不能将其放在微波炉里直接加热，以免因温度过高而释放出有毒化学物
7	7 OTHER	聚碳酸酯 PC 或其他塑料	PC 可做奶瓶，太空杯等	但因 PC 中残留的双酚 A，温度愈高，释放愈多，速度也愈快。因此，不应以 PC 水瓶盛热水

1.2.2 塑料制品结构

塑料制品是通过注塑机将熔融状态的塑料充填于模具的型腔中，塑料冷却固化而得到。塑件的几何形状与成型方法、模具分型面的选择、塑件是否能顺利成型和出模等有直接关系。

塑料制品的结构、几何形状和尺寸的设计不合理，会导致成型时产生气泡、缩孔、凹陷、开裂等缺陷。所以在设计塑件时应注意认真考虑，使塑件的几何形状能满足其成型的工艺要求。

塑料制品几何形状主要包括

- 脱模斜度
- 塑件的壁厚
- 加强筋
- 支承面与凸台
- 圆角
- 孔
- 标记符号
- 螺纹
- 铰链与搭扣
- 嵌件

脱模斜度

由于塑件冷却后会紧紧包在凸模（型芯）上，会由于塑件的黏附作用会紧贴在凹模（型腔）内。所以，为便于脱模，制品上应有脱模斜度，不同的材料推荐不同的脱模斜度，具体参考表 1.5。

表 1.5 各种材料推荐的脱模斜度

材 料	脱模斜度	塑件的斜度
PE、PP、PVC(软)	30′～1°	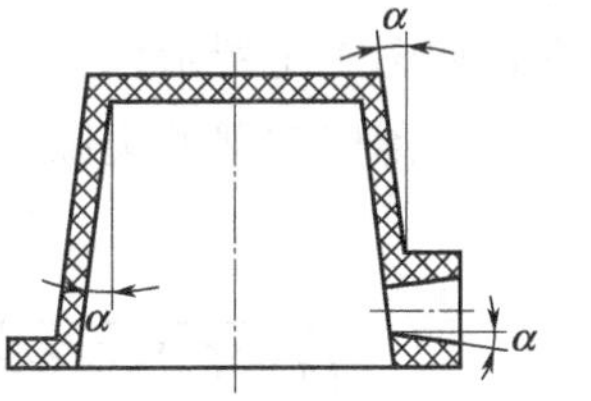
PBS、PA、POM、PPO	40′～1° 30′	
PC、PSF、PS、AS、PMMA	50′～2°	
热固性塑料	20′～1°	

脱模斜度的确定原则

- 内孔以小端为准，斜度向扩大方向取得。
- 外形以大端为准，斜度向偏小方向取得。
- 一般斜度不受制品公差带限制。

塑件的壁厚

合理确定塑件的壁厚很重要。塑件的壁厚首先决定于塑件的使用要求，即强度、结构、重量、电气性能、尺寸稳定性以及装配等各项要求。

塑件壁厚应均匀，避免太薄或太厚，否则会引起塑件变形或产生气泡、凹陷等成形质量问题。

塑件壁厚取值参考范围：

- 一般：1～6mm。
- 常用：2～3mm。
- 大型：＞6mm。

塑件壁厚随塑料类型及塑件大小而定，具体查阅工艺手册。

加强筋

- 塑料制品的强度以刚度为主，应采取薄壁的网格组合结构。
- 加强筋的厚度，应小于与其相邻的本体的壁厚。

塑料的强度并不依其壁厚的增大而增大。反之，由于壁厚增大而导致收缩时产生内应力，反而降低其强度。所以，在薄壁的基础上，于相应部位设置加强筋，以提高截面惯性矩，是较好办法。

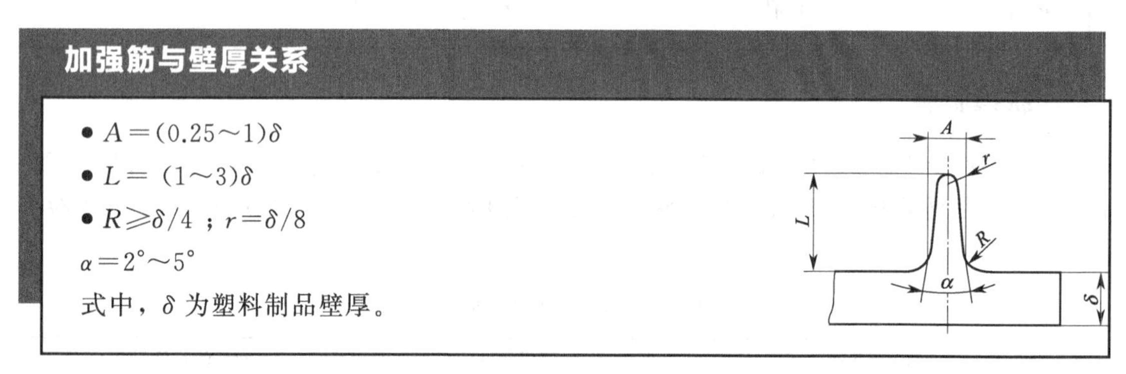

加强筋与壁厚关系

- $A=(0.25\sim1)\delta$
- $L=(1\sim3)\delta$
- $R\geqslant\delta/4$；$r=\delta/8$

$\alpha=2°\sim5°$

式中，δ 为塑料制品壁厚。

除了采用加强筋外，薄壳状的塑件可制成球面或拱曲面，这样可以有效增加刚性和减少变形，如图 1.1 所示。

对于薄壁容器的边缘，可按图 1.2 所示设计来增加刚性和减少变形。

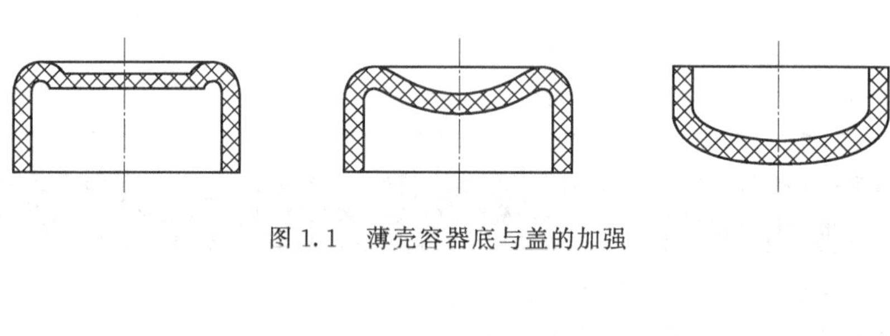

图 1.1　薄壳容器底与盖的加强

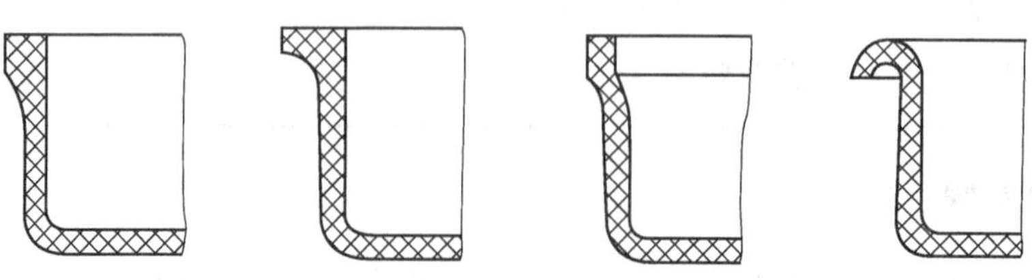

图 1.2　薄壳容器边缘的增强

表 1.6 所示为加强筋设计的典型实例。

表 1.6　加强筋设计的典型实例

序号	不合理	合　理	说　明
1			过厚处应减薄并设置加强筋以保持原有强度
2			过高的塑件应设置加强筋，以减薄塑件壁厚
3			平板状塑件加强筋应与料流方向平行，以免造成充模阻力过大降低塑件韧性
4			非平板状塑件加强筋应交错排列，以免塑件产生翘曲变形
5		>0.5	加强筋应设计矮些，与支承面的间隙应大于 0.5mm

支承面与凸台

支承面是支撑制品的平面，以保证其稳定性。

支承面通常用底脚（三点或四点）支承或边框支承，而不用制品的整个底面来支承，如图 1.3 所示。底脚或边框高度取大于 0.5mm。

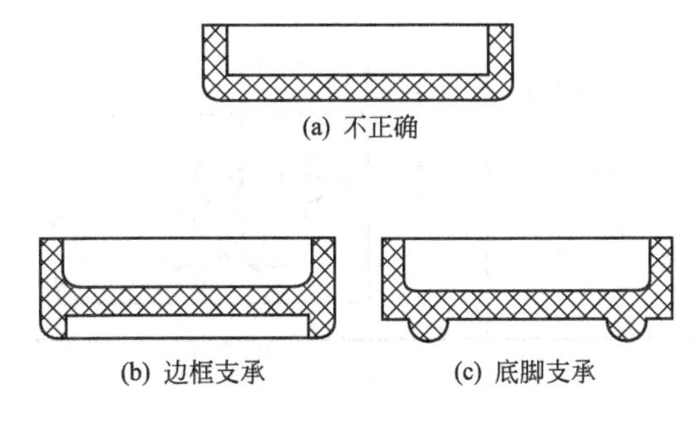

图 1.3　支承面结构

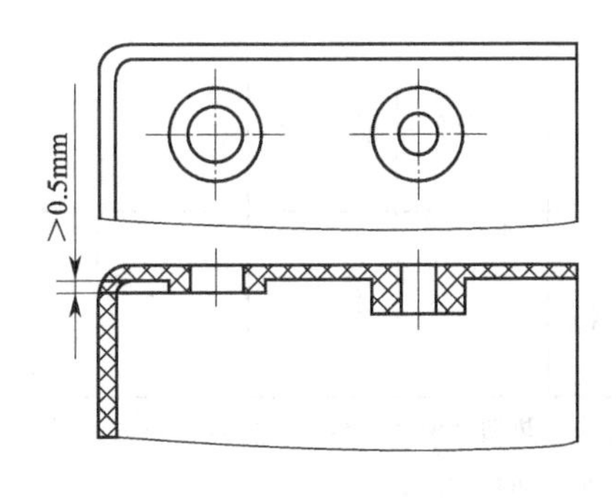

图 1.4　凸台结构

凸台是用来增强孔或装配附件的凸出部分。

凸台应有足够的强度，同时应避免因凸台尺寸过渡而在其周围发生形状突变，如图 1.4 所示应设在塑料制品的边角，高出平面 0.5mm 以上，并有恰当脱模斜度。

圆角

塑料制品无特殊要求时，各连接处均应有半径不小于 0.5～1mm 的圆角。

圆角的作用

- 避免应力集中，提高塑料制品强度。
- 改善熔体流动，便于脱模。
- 提高塑料制品美观度。

圆角与壁厚关系

- $R_1=1.5t$
- $R=0.5t$

如右图，式中 t 为制品的壁厚。

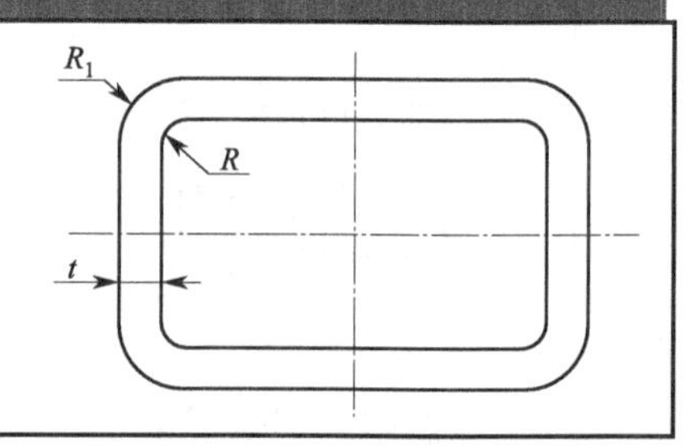

孔

塑料制品上常常有各种通孔和盲孔，这些孔均能用一定型芯成型。但在设计制品上的各种孔的位置时，应不影响塑件的强度，并应尽量不增加模具制造的复杂性。孔与孔之间，孔与边缘之间的距离不应太小，否则在装配其他零件时孔的周围易破裂。表 1.7 所示为热固性塑料制品孔间距、孔边距与孔径的关系。

表 1.7　热固性塑料制品孔径与孔边距关系　　mm

项目	数值						简图
孔径 d	<1.5	1.5～3	3～6	6～10	10～18	18～30	
孔间距、孔边距 b	1～1.5	1.5～2	2～3	3～4	4～5	5～7	

注：1. 热塑性塑料为热固性塑料的 75%。

2. 增强塑料宜取大。

3. 两孔径不一致时，则以大孔的孔径查表。

标记符号

由于装潢或某些特殊要求，制品上常制出文字或图案等标记。制品上的文字、图案、标记符号可以做成三种不同形式：凸字、凹字、凹坑字，如图 1.5 所示。

用“凹坑字”时，可把凹框制成镶块嵌入模具内。这样既易加工符号又不易被磨损，最为常用。

标记符号参考尺寸：

- 凸出高度≥0.2mm，并要有脱模斜度>10°。
- 线条宽度以 0.8mm 为宜。
- 边框可比字体高出 0.3mm 以上（图 1.6）。

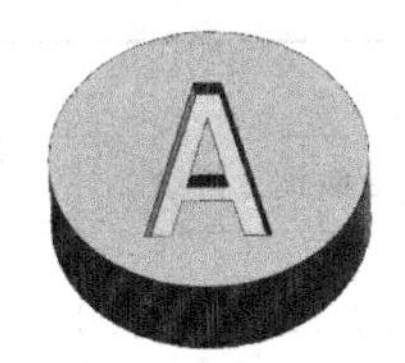

(a) 凹字

(b) 凸字

(c) 凹坑字

图 1.5　塑料制品上标记符号形式

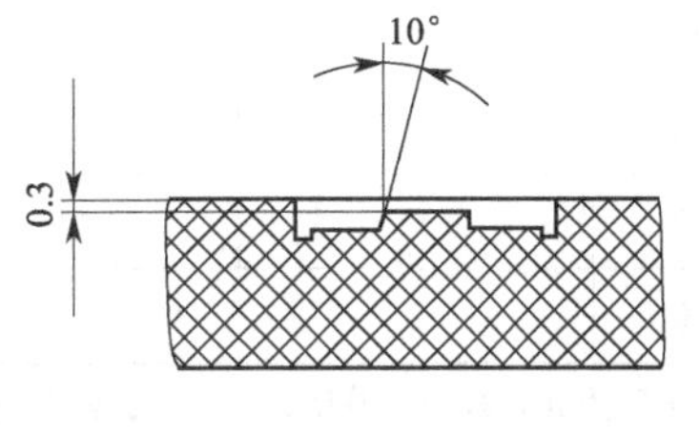

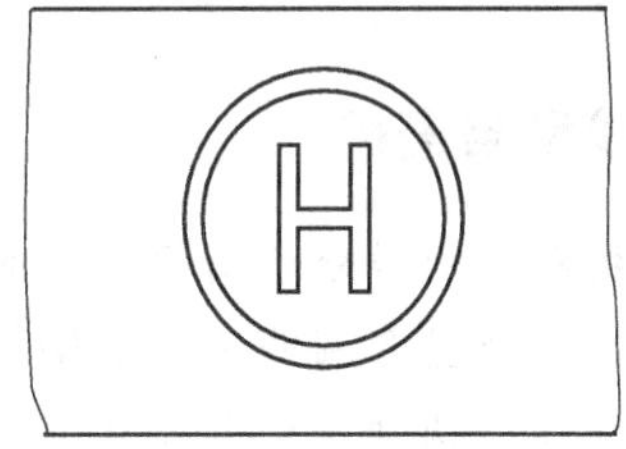

图 1.6　凹坑字标记符号

螺纹

塑料制品上的螺纹可以在模塑时直接成型，也可在模塑后机械加工成型。一般情况下可直接采用模塑成型，无需机械加工，应用范围广泛，但必须符合一定条件。

设计塑料制品上螺纹时注意要点

- 外螺纹直径不小于 4mm，内螺纹直径不小于 2mm，精度不高于 3 级（表 1.8）。
- 螺纹配合长度小于 2 倍螺纹直径时，可不考虑收缩率。
- 螺纹形状尽量采用圆形和梯形（图 1.7）。
- 为了防止螺纹最外圈崩裂或变形，应使螺纹最外圈和最里圈留有台阶（图 1.8）。

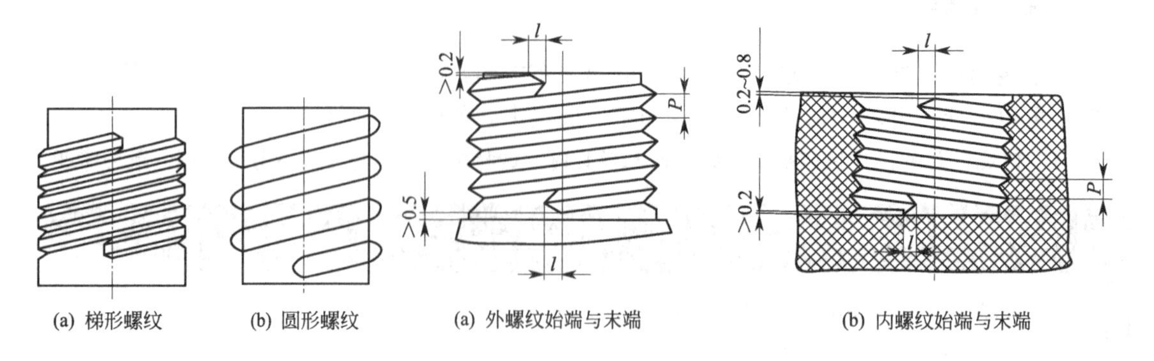

(a) 梯形螺纹　(b) 圆形螺纹

图 1.7　螺纹牙型

(a) 外螺纹始端与末端　(b) 内螺纹始端与末端

图 1.8　塑料螺纹结构

表 1.8　塑料螺纹的选用范围

螺纹公称直径/mm	螺纹类别				
	公称标准螺纹	1级细牙螺纹	2级细牙螺纹	3级细牙螺纹	4级细牙螺纹
＜3	+	—	—	—	—
3～6	+	—	—	—	—
6～10	+	+	—	—	—
10～18	+	+	+	—	—
18～30	+	+	+	+	—
30～50	+	+	+	+	+

注："+"为建议采用的范围；"—"为建议不采用的范围。

铰链与搭扣

铰链利用塑料分子高度取向的特性，将带盖容器的盖子与容器直接形成一个整体。

塑料铰链已普遍使用，如塑料筒与盖、盒壳与盒盖、可开合的支架等。其主要原理是用中间的薄膜把两件（如上盖和下盖）连接起来，如图 1.9 所示。

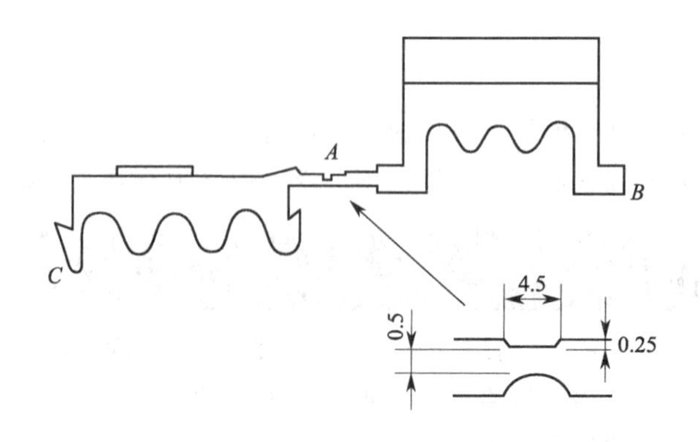

图 1.9　塑料夹持器

塑料铰链设计要点

- 铰链厚度尽量薄，不超过 0.5mm，厚薄均匀。
- 铰链长度不宜过长，约 1.5mm。
- 成型时熔体流向必须垂直于铰链轴向方向，便于分子取向。

搭扣是搭接在两个物品上用来扣紧的物体，是塑料制品的一种连接方法。

搭扣可以用于临时性和永久性的连接，结构简单、装配容易、加工方便、不需要紧固件等优点，目前，国内外已广泛应用于各种塑料制品。生活中常见的搭扣见表 1.9。

表 1.9　常见的搭扣形式及应用

序号	名称	结构简图	主要应用
1	拉链连接	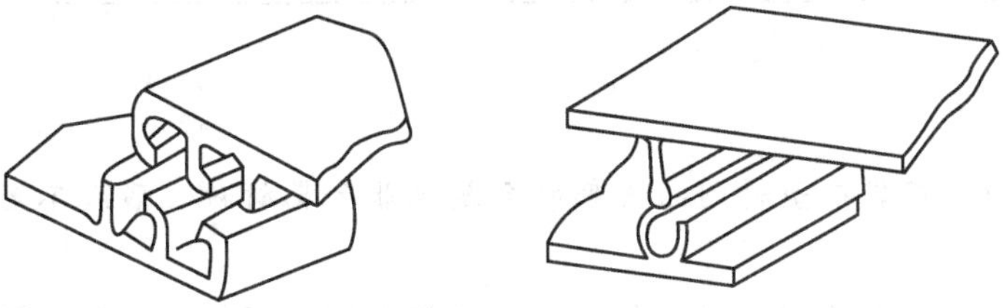	用于塑料袋和箱包的密封，挤出成型生产，PE、PVC 等为原料
2	卡钩连接	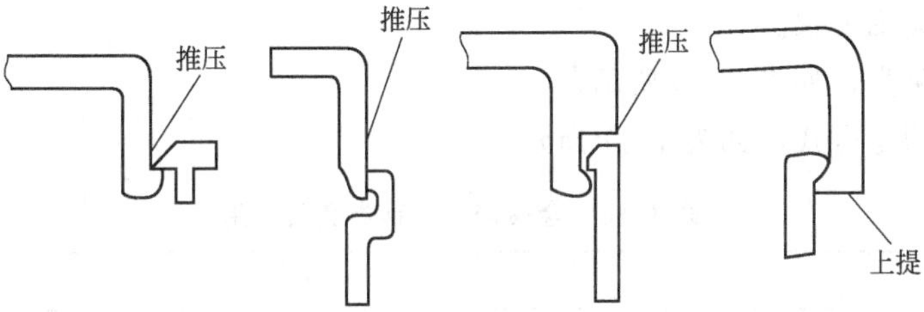 推压　推压　推压　上提	用于笔记本电源、手机外壳组装地方和一些箱盖的活动连接
3	捆扎连接	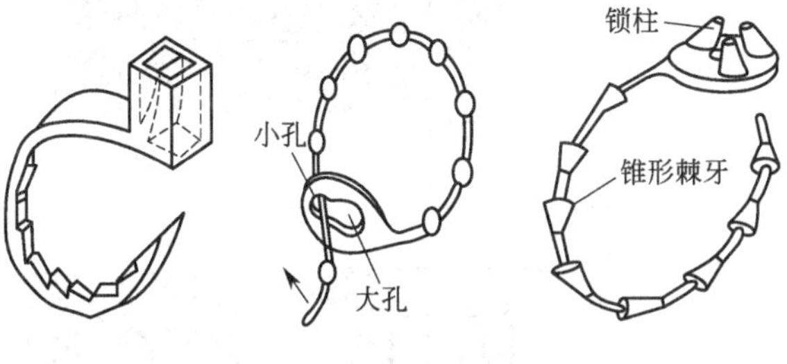 小孔　大孔　锁柱　锥形棘牙	用于各种系绳，如衣服标签连接、导线捆扎等。系绳多采用棘齿、锯齿、球珠结构
4	合页连接	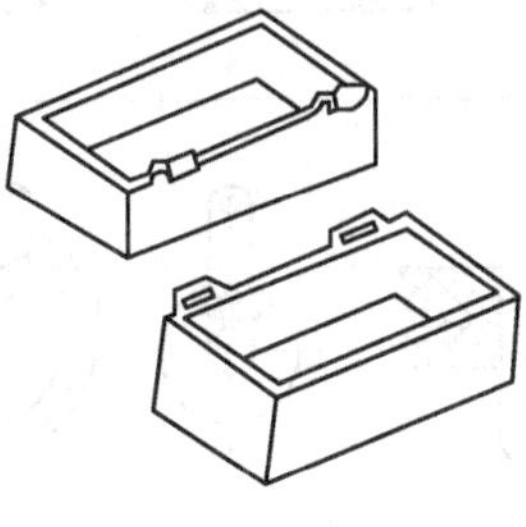	用于聚烯烃类塑料盒

续表

序号	名称	结构简图	主要应用
5	按扣连接		用于片材的连接和一些衣服上的按扣连接
6	插品连接		用于各种箱包上、衣服上，通过两件间摩擦力来实现连接

嵌件

在注射成型时，镶嵌在塑料制品内部的金属或非金属材料，形成不可卸的连接，称为嵌件。

塑料制品中镶入嵌件的主要目的是为了提高塑料制品局部的强度、刚度、硬度、耐磨性、导电性、导磁性等，同时，也可增加塑料制品形状和尺寸的稳定性、提高精度、降低塑料的消耗及满足装饰要求。

常见的嵌件种类，如表1.10所示。

常用的嵌件固定方式，如表1.11所示。

表1.10 金属嵌件的种类及其作用

嵌件形状	简图	说明
圆柱形嵌件		作为固定其相邻零件的螺栓或接线柱等之用
套形及管形嵌件		作为轴承、螺母用的嵌件
其他形状嵌件		作为导电片、接触端子、弹簧片等用途的嵌件

表 1.11　金属嵌件的固定方式及要点

固定方式	简图	说明
菱形滚花		小直径圆柱体外周滚花固定于塑件内，防转及防脱出
直纹滚花及环状钩槽		滚花防转；环状钩槽防脱出
孔眼、切口、局部折弯		片状嵌件的固定，以孔或缺口、或弯头嵌于塑件内
管边缘翻边		管边缘翻边防嵌件脱出

1.2.3　塑料制品的制作工艺

热塑性塑料由塑料制造商以中等粒度形式供货，而热固性塑料则以粉末或液体和膏状形式供货。在塑料加工企业，这些原始材料通过不同的加工方法制成半成品（管材，棒材，型材）或直接做成成型件。

热塑性塑料采用挤出和注射方法加工成型。热固性塑料则采用模压或同样采用注射方法加工成型。

1.2.3.1　挤出

挤出应理解为用螺杆挤出的方法，即用挤出机连续制造一根无尽头的塑料棒（图 1.10）。

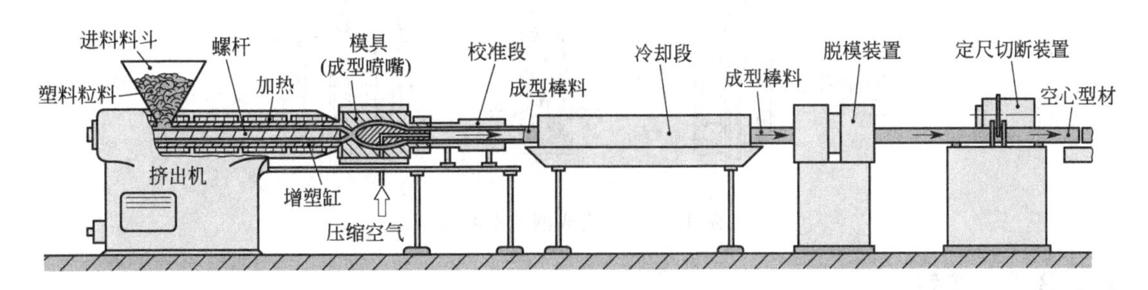

图 1.10　制造空心型材的挤出设备

挤出机是一种持续运行并可加热的、预装挤压模具——成型喷嘴的蜗杆挤出设备。在挤出机中将原始材料——塑料粒制成一种成型材料。

通过更换模具（成型喷嘴）可制造出不同造型的半成品。挤出机典型的产品形状是型材、管材、棒材、板材和带材。

吹塑法

采用此法时，塑料原料先通过一个环形喷嘴挤压成薄软管，然后通过吹风拉伸成薄膜，如图 1.11 所示。

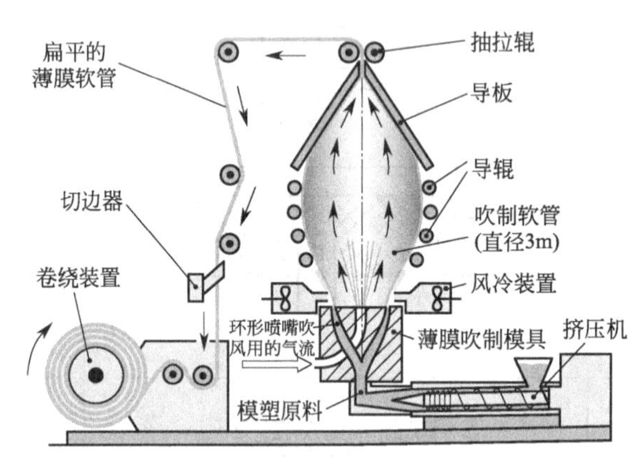

图 1.11　用吹塑法制造塑料薄膜

真空成型

采用真空成型方法可在一个多步骤工作流程中制造出空心体，如槽罐、桶和油桶。如图 1.12 所示，将塑料软管导入一个空心模具，然后由压缩空气吹制软管，把它挤压到已冷却的空心模具上，然后打开空心模具，顶出制成品。

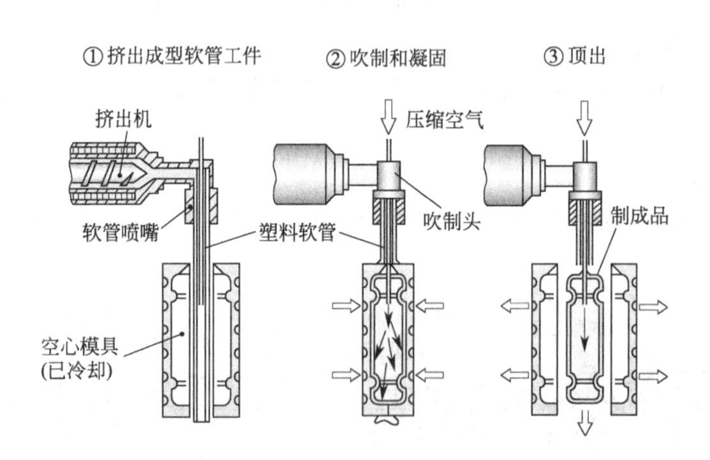

图 1.12　真空成型的空心体

1.2.3.2　注射

注射时，通过把可成型的塑料原料喷注入一个空心模具，以流水作业的加工方法制造出造型复杂的成型件。

注射的优点

- 仅用一个工作流程即可从原料直接加工成型为塑料成品。
- 注射成型件不必或仅需少量的后续加工。
- 这种加工方法可实行全自动化，成型件也具有高度的可再生产性。

热塑性塑料的注射

注射机在一个共用的机身上装有增塑单元和注射单元以及一个装有打开/关闭单元的模具，如图 1.13 所示。

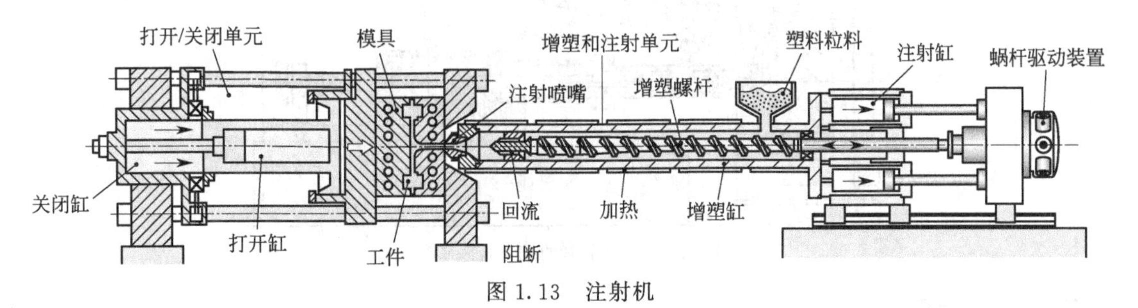

图 1.13　注射机

注射的工作流程如图 1.14 所示。

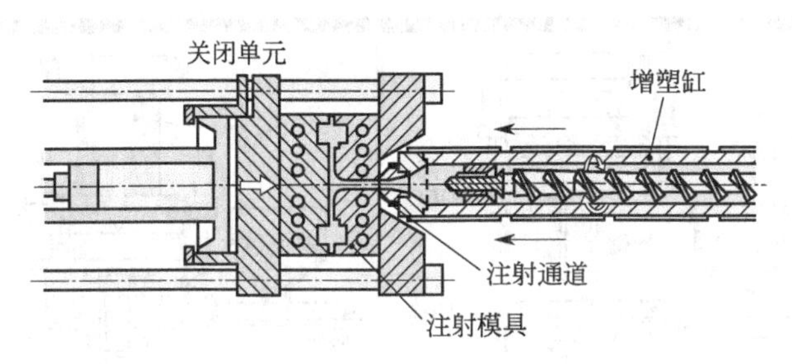

(a) 关闭模具,增塑(塑化)注射

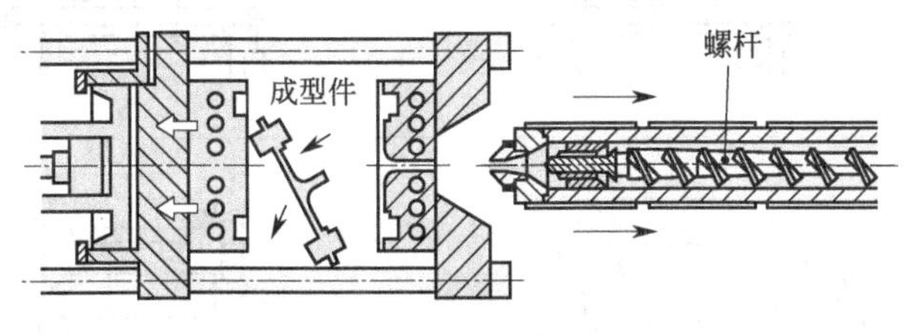

(b) 冷却和顶出成型件

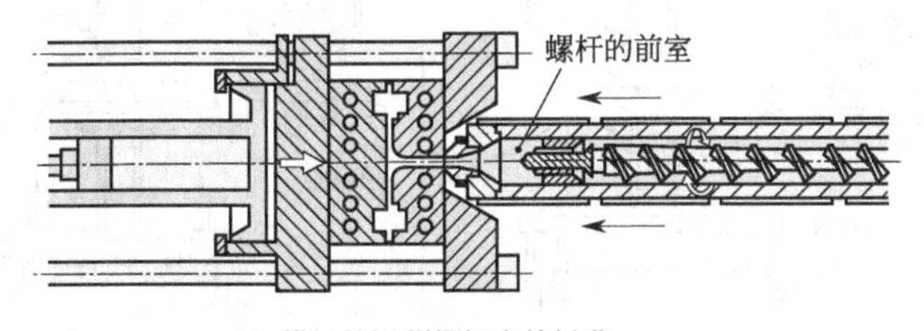

(c) 模具关闭,增塑缸向前行进

图 1.14　注射的工作流程

热固性塑料的注射

增强型热固性塑料原料也是可注射成型的。如图 1.15 所示为用于弹性体的注射机，注射时，一般使用蜗杆预增塑装置和分离式活塞注射装置。

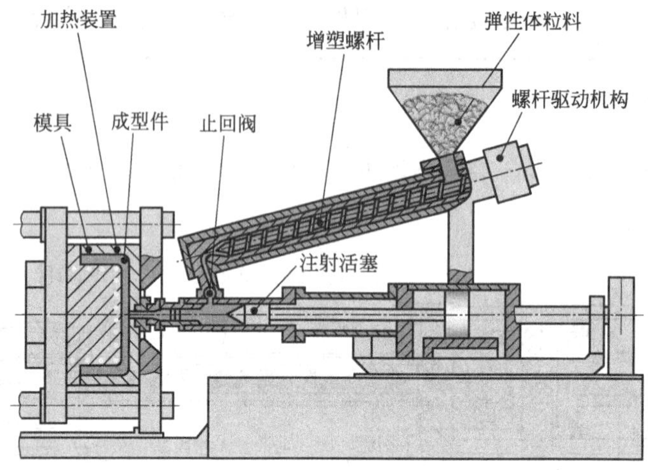

图 1.15 用于弹性体的注射机

1.2.3.3 模压

模压方法用于制造采用填料或短纤维增强热固性塑料的成型件。模压的工作过程可实现

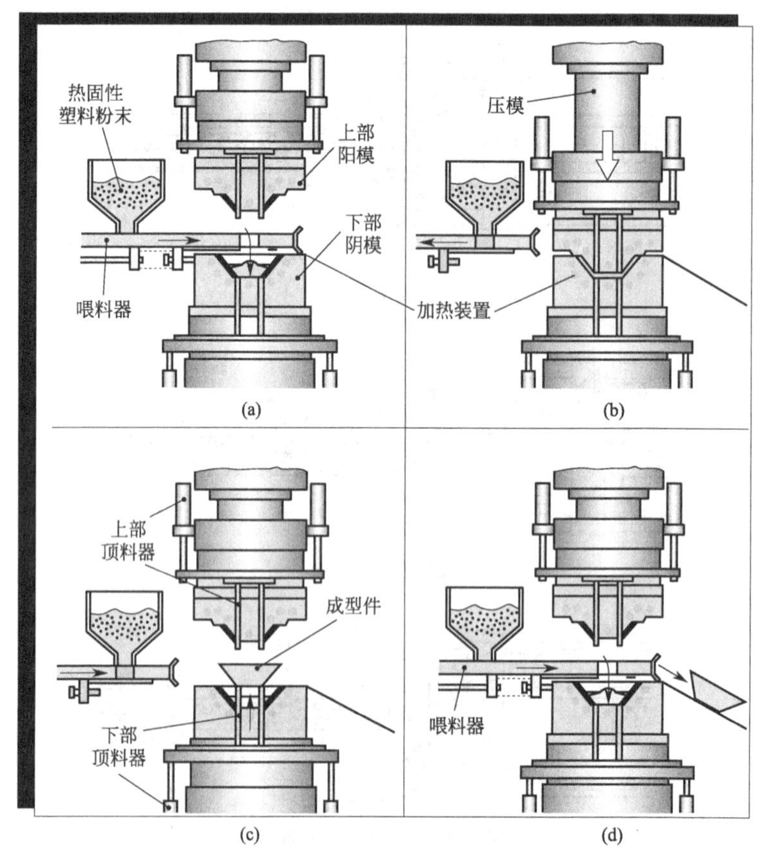

图 1.16 模压的工作流程

全自动化，其流程包括如下四阶段（如图 1.16 所示）。

① 一份定量的、预热的、尚未形成网状连接的热固性塑料原料，再加上硬化剂和催化剂，通过喂料器填入模具空腔。

② 模压机上部阳模向下压，把可成型的塑料原料压制成成型件。在这过程中，已加热的模具壁加热塑料原料，使它变成流体并汇流到一起。成型件保持在这个位置上，直至它硬化为止。

③ 开模，由顶料器向上顶出成型件。

④ 下一工作周期的原料填入模具。

1.2.3.4 发泡成型

通过对液态塑料发泡产生出许多小气泡，接着立即硬化这种带气泡的材料结构，便产生泡沫塑料。

两种最重要的泡沫材料是聚苯乙烯泡沫塑料和聚氨酯泡沫塑料。

聚苯乙烯泡沫塑料是将定量的粒料用水蒸气短时加热，使其发泡，随后将粒料立即灌入已冷却的模具内（图 1.16），并轻压来使微粒黏结在一起而成型。

聚氨酯泡沫塑料加工如图 1.17 所示，将液体的聚氨酯原料喷涂在分离膜上成薄薄的一层，原料相互之间发生反应并分离出气体，气体使仍是液态的聚氨酯发泡成为一种泡沫材料，通过反应热量来硬化。

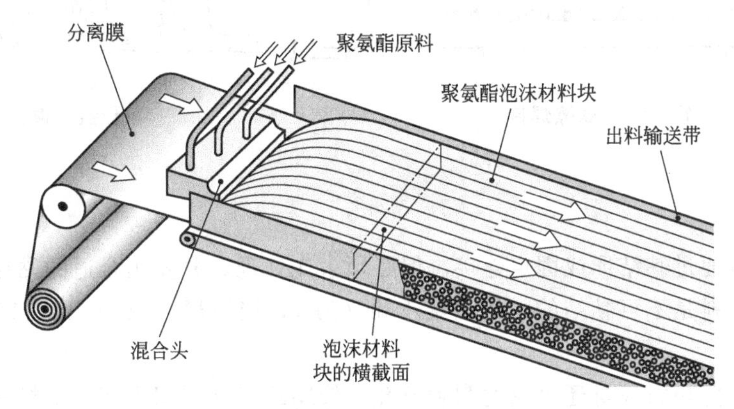

图 1.17　聚氨酯泡沫材料块的发泡过程

1.2.3.5 二次成型

热成型

热成型方法用于制造热塑性塑料的大型零件。利用如板、硬质薄膜、棒和管等初级产品，在需成型的部位加热，接着在成型机械上进行弯曲、折边或在模具中成型。

如图 1.18 所示，为真空深冲法。把一块均匀加热的板材用真空吸入模具空腔，随后在已冷却的模具壁上凝固成型。如壁厚的大型零件，例如小船的船体或园艺水池等，还要使用冲模和压缩空气进入模具挤压。

零件的连接

热塑性塑料可通过焊接（图 1.19、图 1.20）、螺钉（图 1.21）卡接式接头以及浇注和黏结等方法连接起来。而热固性塑料可采用除焊接外所有与热塑性塑料相同的连接方法。

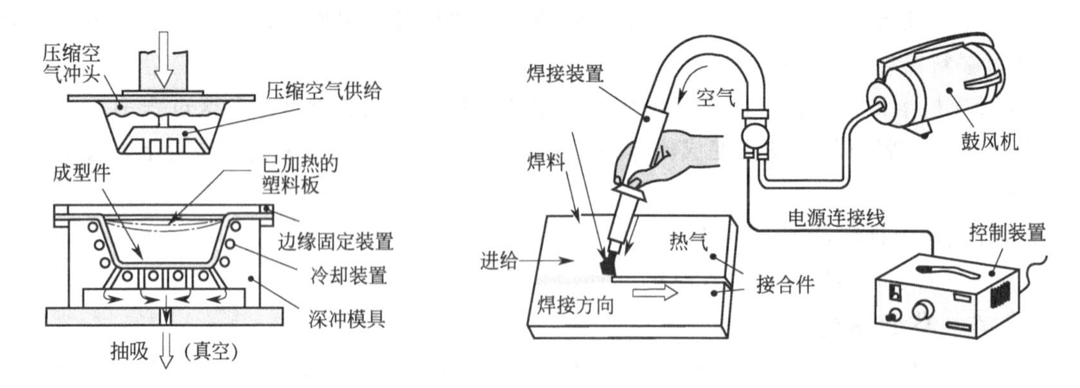

图 1.18　真空深冲　　　　图 1.19　热气焊接

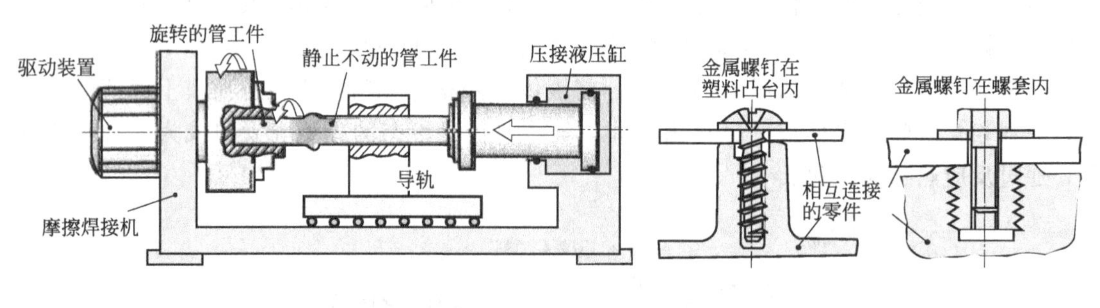

图 1.20　摩擦焊接　　　　图 1.21　螺钉连接

黏结

许多塑料可通过黏结形成固定连接。但必须事先处理，并要用合适的黏结剂。

也有一定塑料是不可黏结的，例如聚乙烯（PE），聚丙烯（PP），聚四氟乙烯（PTFE）和硅树脂。

除此之外，薄塑料板材还可以切割和打孔，较厚的工件可用锯切。塑料零件必要时可通过锉和刮等手工精修加工，而机械切削加工只适用于硬塑料。

本小节内容的复习和深化

（一）填空题

1. 塑料制品的表面质量主要是指制品________和________。

2. 塑料制品冷却后产生收缩，会使塑料件紧紧包住模具________和型腔中的凸起部分，为了方便取出塑料制品，设计塑料制品时，内外表面应有________。

3. 加强筋的作用是在不增加壁厚情况下，增加塑料制品的________和________，避免塑料制品的翘曲变形。

4. 凸台应设置在制品的________，高度应高出平面________ mm 以上，有足够的强度，恰当的脱模斜度。

5. 塑料________现已普遍应用在塑料筒与盖、盒壳与盒盖等处的连接。

6. 嵌件的设计要求是金属嵌件尽可能采用________或________形状，以保收缩均匀。

7. 生活中常见的搭扣有________、________、________、________、________等形式。

（二）不定项选择题

1. 实际生产中，一般外圆角半径应取（　　）倍的壁厚，内圆角半径取（　　）倍的壁厚。

A. 1.5　　B. 1.0　　C. 0.5　　D. 2.0

2. 关于脱模斜度，下列说法正确的是（　　）。

A. 热固性塑料制品应比热塑性塑性制品的脱模斜度大一些

B. 壁厚大的塑料制品的斜度也应小一些

C. 对于大型塑料制品，要求内表面的脱模斜度小于外表面的脱模斜度

D. 对于较硬和较脆的塑料制品，脱模斜度可以取大值

3. 关于螺纹，下列说法正确的是（　　）。

A. 螺纹应选用螺纹牙型尺寸较大的　　B. 螺纹形状尽量采用圆形或梯形

C. 螺纹可以直接采用塑料模成型　　D. 螺纹末端应延伸到与底面相接处

4. 为了防止嵌件受力时转动或拔出，嵌件部分表面应制成（　　）等结构。

A. 交叉滚花　　B. 沟槽　　C. 开孔　　D. 弯曲

5. 塑料制品的表面缺陷，如毛边、起泡、翘曲等，这些与（　　）等因素有关。

A. 塑料的配方　　B. 模具温度　　C. 模具设计　　D. 注射压力

（三）结构改错题

对表 1.12 所示塑件的设计进行合理化分析，并对不合理设计进行修改。

表 1.12　塑件设计结构

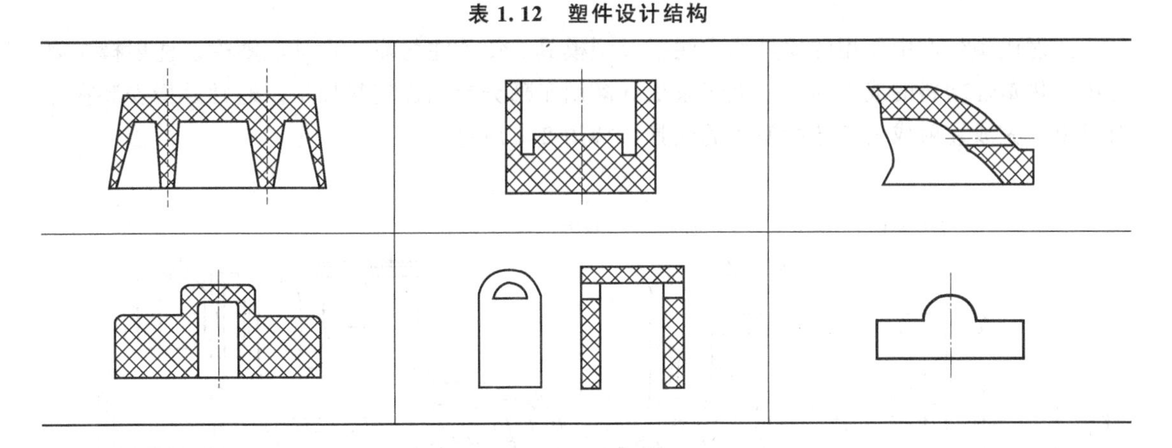

（四）问答题

1. 设计塑料制品时，制品壁厚的设计原则是什么？

2. 脱模斜度对塑料制品的成型有何意义？如何确定脱模斜度？

3. 塑料铰链常用在哪些方面？设计时应注意些什么？

4. 塑料搭扣的常见形式有哪些，各有什么特点？

5. 写出 PET、LDPE、PP、PS 代表的环保数字，并指出哪一种可用于微波炉？

6. 热塑性塑料、热固性塑料和弹性体都有哪些成型方法？

7. 哪些塑料不能黏结？

2 注塑成型模具结构及基础知识

塑料模具是指用于成型塑料制品的模具，是成型塑料制品的一种重要工艺装备。

塑料模具种类很多，常见的有注塑模、压制模、压注模和挤出模等，这里主要介绍注塑模。

2.1 注塑成型模具的概述

注射成型生产中使用的模具称为注射成型模具，简称注射模，也称注塑模。注射模主要适用于热塑性塑料的成型加工，近年来也逐渐用于部分热固性塑料加工。通常是指安装在注射机上，完成注射成型工艺所使用的模具，如图 2.1 所示。

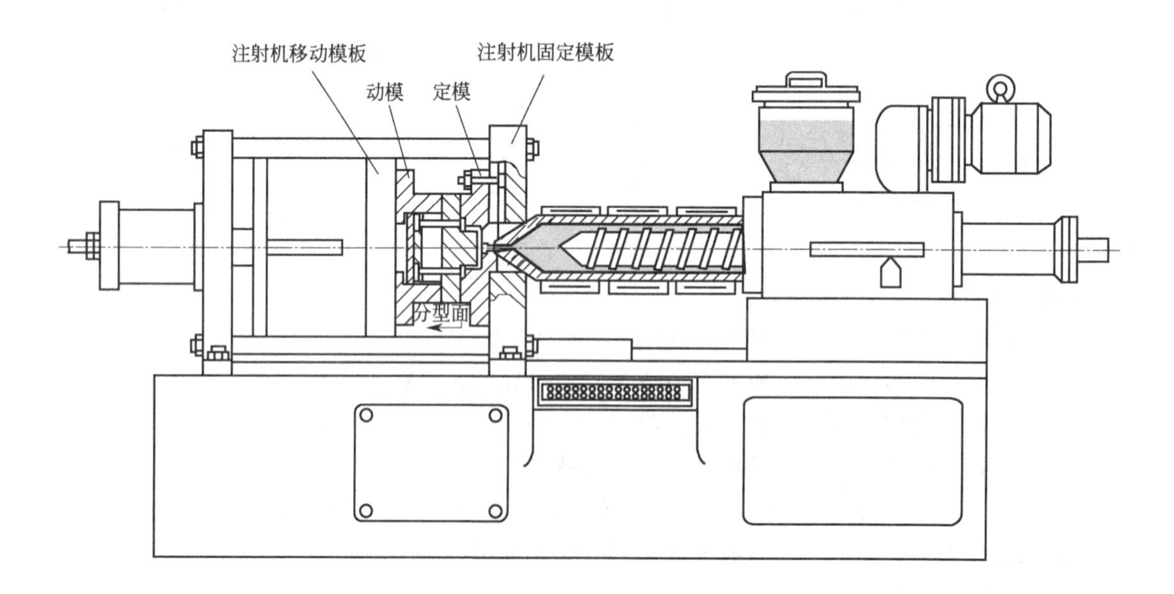

图 2.1 安装在注射机上的注塑模

2.1.1 注塑成型模具的分类

注塑模具的分类方法很多。可以按塑料材料分、按模具型腔数目分、按模具安装方式分、按注射机类型分、按模具浇注系统分、按注射模的结构特征分等。

按照不同的划分依据分类

- 按塑料材料类别分：热塑性塑料注射模、热固性塑料注射模。
- 按模具型腔数目分：单型腔注射模、多型腔注射模。
- 按模具安装方式分：移动式注射模、固定式注射模。
- 按注射机类型分：卧式机注射模、立式机注射模、角式机注射模。
- 按浇注系统分：冷流道模、绝热流道模、热流道模、温流道模。

但是，按注射模的总体结构特征分类最为常见（本书主要按此类分法来介绍注塑模的结构，并重点介绍二板式注射模、三板式注射模和斜导柱侧向分型与抽芯注射模）。

按总体结构特征，注射模可分为八类

- 单分型面注射模（二板式）。
- 双分型面注射模（三板式）。
- 斜导柱（弯销、斜导槽、斜滑块）侧向分型与抽芯注射模。
- 带有活动镶件注射模。
- 定模推出机构注射模。
- 自动卸螺纹的注射模。
- 无流道凝料注射模。
- 叠式型腔注射模。

2.1.2 注塑成型模具的结构组成

一般情况，注射模是由成型部件、浇注系统、导向部件、推出机构、调温系统、排气系统和标准模架组成，如果塑料制品有侧向的孔或凸台，注射模还包括侧向分型与抽芯机构。

图 2.2 为最具有代表性的单分型面注射模，表 2.1 为常见注射模具的结构组成。

表 2.1 塑料的典型结构组成

结构名称	说　明	零件名称(以图 2.2 为例)
成型部件	是指动、定模部分有关组成型腔的零件	动模板 1(A 板)、定模板 2(B 板)和凸模 7(模仁)
浇注系统	是熔融塑料从注射机喷嘴进入模具型腔所经的通道,它包括主流道、分流道、浇口及冷料穴	浇口套 6、拉料杆 15、动模板 1 和定模板 2
导向部件	在注射模中,用导向部件对模具的动定模导向,以使模具合模时能准确对合	导柱 8、导套 9
推出机构	是指分型后将塑料制品从模具中推出的装置	推板 13、推杆固定板 14、拉料杆 15、推板导柱 16、推板导套 17、推杆 18、支承柱 12 和复位杆 19
调温系统	为满足注射工艺对模具温度的要求,需要有调温系统对模具的温度进行调整。一般热塑性塑料注射模主要是设计模具的冷却水道	冷却水道 3
排气系统	为了将成型时塑料本身挥发的气体排出模外,常常在分型面上开设排气槽。对于小塑件模具,可直接利用分型面或推杆等模具间隙排气	

续表

结构名称	说　明	零件名称(以图 2.2 为例)
标准模架	用于安装固定或支承成型零部件及前述的各部分机构的零部件	定模座板 4、定位圈 5、支承板 11、支承柱 12、垫块 20、动模座板 10 以及导柱 8、导套 9
侧向分型与抽芯机构	当塑料制品有侧向的凹凸形状的孔或凸台时，须先把侧向的凹凸形状的瓣合模块或侧向的型芯从塑件上脱开或抽出	

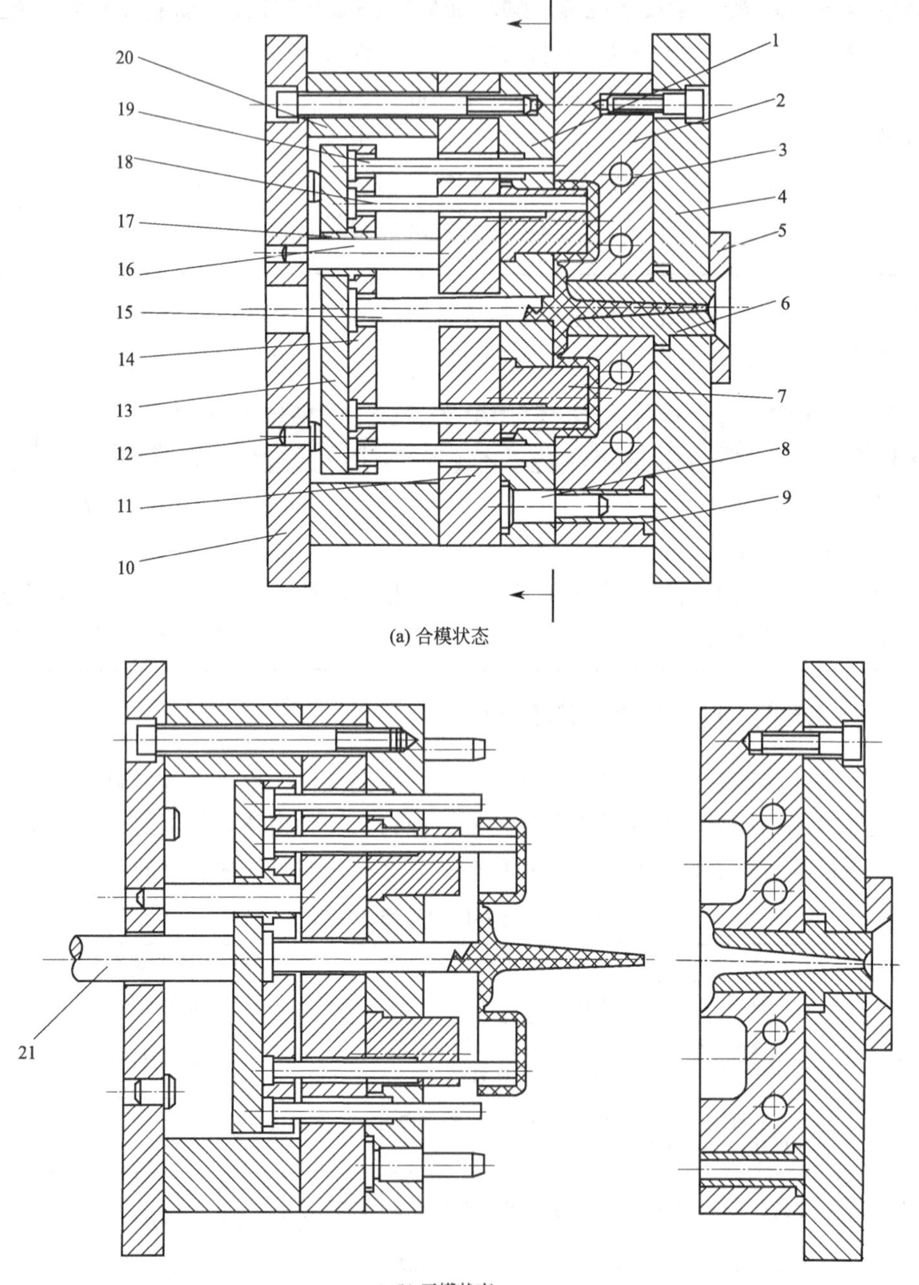

图 2.2　注射模的结构

1—动模板；2—定模板；3—冷却水道；4—定模座板；5—定位圈；6—浇口套；7—凸模；8—导柱；9—导套；10—动模座板；11—支承板；12—支承柱；13—推板；14—推杆固定板；15—拉料杆；16—推板导柱；17—推板导套；18—推杆；19—复位杆；20—垫块；21—注射机顶杆

本小节内容的复习和深化

1. 注射模按其各零部件所起作用，一般由哪几部分结构组成？
2. 根据总体结构特征分，注射模可分为哪几种？
3. 什么叫注射模？注射模只能用于成型热塑性塑料，对吗？

2.2 塑料制品在模具中的位置

塑料制品在模具中的成型位置主要由分型面的位置、型腔的数目及排列方式确定。它不仅直接关系到模具结构的复杂程度，也关系到塑料制品的成型质量。

2.2.1 型腔数量及型腔布局

型腔数量

一次注射只能生产一件塑料产品的模具称为单型腔模具。一次注射能生产两件或两件以上的塑料产品，则称为多型腔模具。

单型腔、多型腔的优缺点及适用范围见表 2.2。

表 2.2 单型腔、多型腔的优缺点及适用范围

类型	优点	缺点	适用范围
单型腔模具	● 塑料制品的精度高 ● 工艺参数易于控制 ● 模具结构简单 ● 模具制造成本低，周期短	● 塑料成型的生产率低，塑料制品的成本高	塑料制品较大、精度要求较高或者小批量及试生产
多型腔模具	● 塑料成型的生产率高，塑料制品的成本低	● 塑料制品的精度低 ● 工艺参数难于控制 ● 模具结构复杂 ● 模具制造成本高，周期长	大批量、长期生产的小型塑件

塑料制品在模具中的位置如图 2.3 所示，可以在动模部分、在定模部分，也可以同时在动模和定模中。

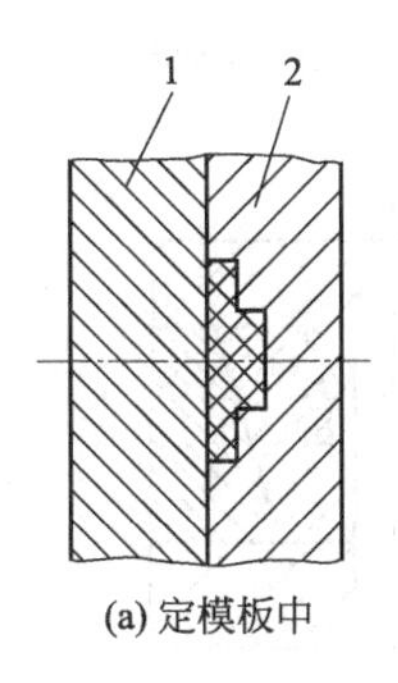

(a) 定模板中

1 2

(b) 动模板中

1 2 3

(c) 定模板和动模板中

图 2.3 塑件在模具中的位置

1—动模板；2—定模板；3—动模型芯

型腔布局

型腔的排列应保证塑料熔体能同时均匀充满每一个型腔，从而使各个型腔的塑料制品内质量均一稳定。其排列方法及特点如表 2.3 所示。

表 2.3　多型腔排列方法及特点

排列方法	简　图	特　点
平衡式		从主流道到各型腔浇口的分流道的长度、截面形状、尺寸及分布对称性对应相同
非平衡式		从主流道到各型腔浇口的分流道的长度不同，不利于均衡进料，但分流道缩短，节约塑料

2.2.2　分型面选择

模具上用以取出塑料制品和凝料的可分离的接触表面称为分型面。

分型面的结构形式

分型面的结构形式应尽可能简单，以便于模具的制造和塑料制品的脱模。注射模有的只有一个分型面，有的有多个分型面，而且分型面有多种形式：平面、斜面、阶梯面、曲面等，如图 2.4 所示。

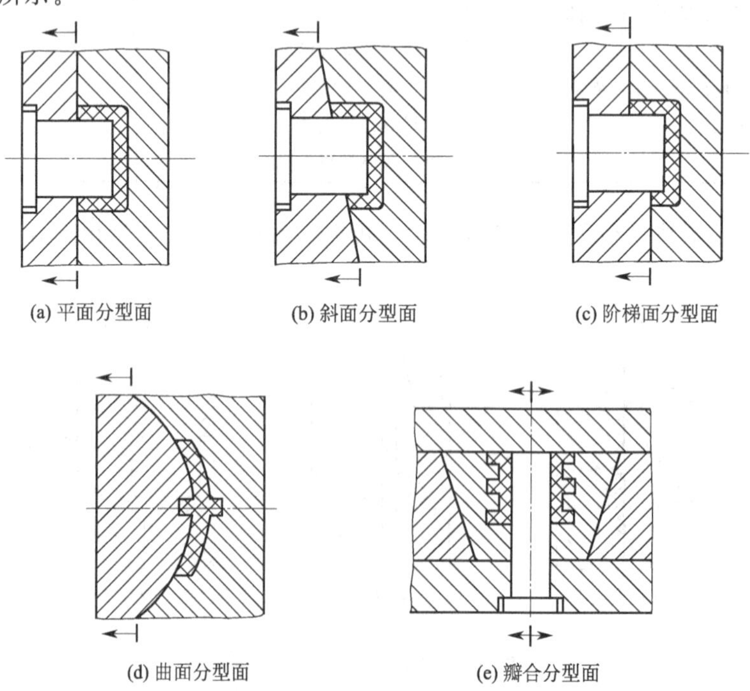

(a) 平面分型面　(b) 斜面分型面　(c) 阶梯面分型面　(d) 曲面分型面　(e) 瓣合分型面

图 2.4　分型面的形式

分型面的选择原则

合理的分型面能保证塑件质量，且便于制品脱模和简化模具结构。因此，选取分型面时要遵循以下原则，如表 2.4 所示。

表 2.4　选择分型面原则

序号	原　则	简　图	说　明
1	分型面应选择在塑件外形的最大轮廓处	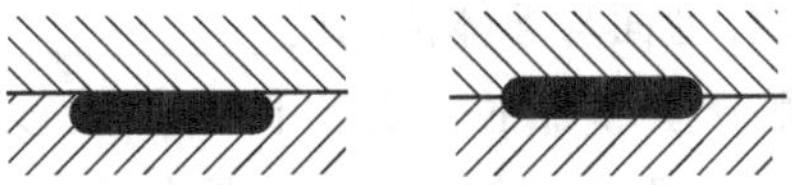 (a)　(b)	图(b)合理，分型面取在塑件外形最大轮廓处才能使塑件顺利脱模
2	分型面的选取应有利于塑件的留模方式，便于塑件顺利脱模	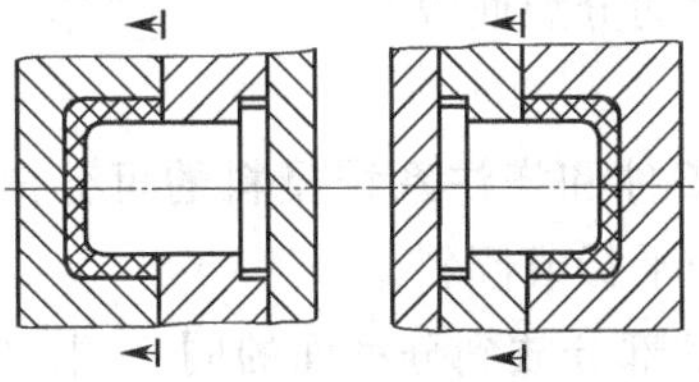 (a)　(b)	图(b)合理，分型后，塑件会包紧型芯而留在动模一侧
3	保证塑件精度要求	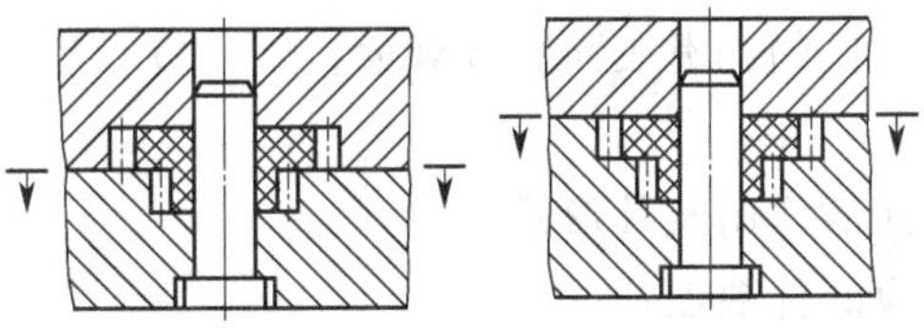 (a)　(b)	图(b)合理，能保证双联塑料齿轮的同轴度要求
4	满足塑件外观要求	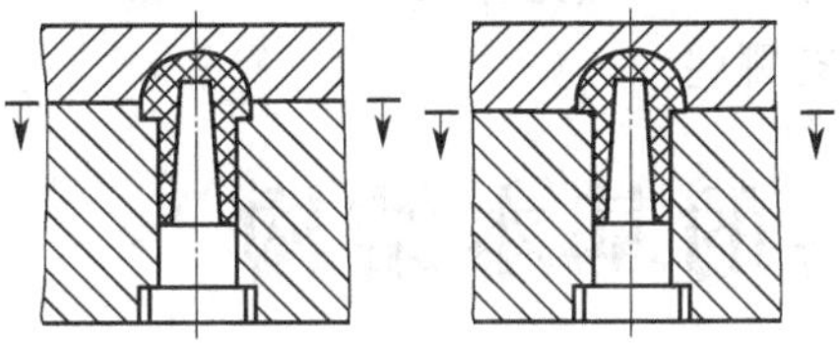 (a)　(b)	图(b)合理，所产生的飞边不会影响塑件的外观，而且易清除
5	便于模具制造	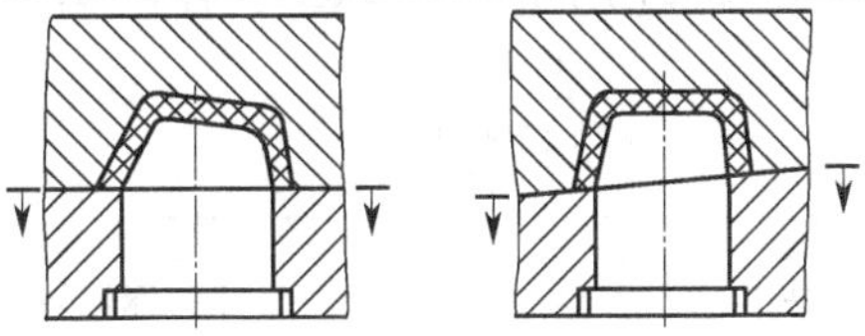 (a)　(b)	图(b)合理，图(a)的型芯、型腔制造困难
6	减小成型面积	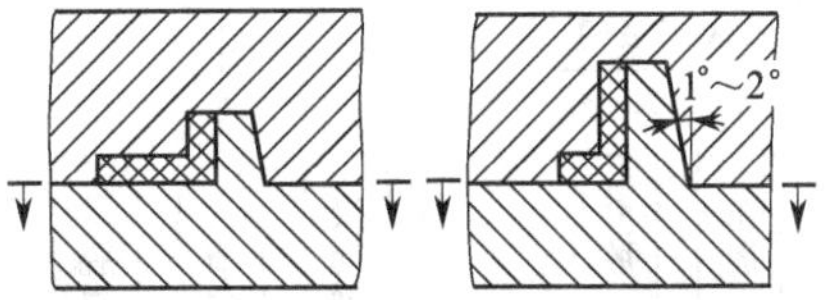 (a)　(b) 1°～2°	图(b)合理，塑件在合模分型面上的投影面积小，保证了塑模可靠
7	增强排气效果	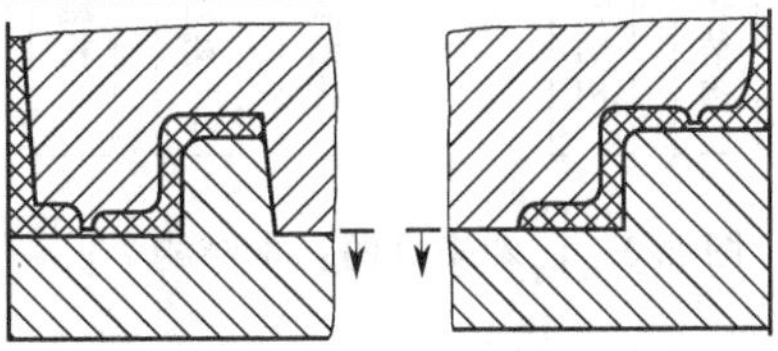 (a)　(b)	图(b)合理，熔体料流末端在分型面上，有利于增强排气效果

本小节内容的复习和深化

（一）填空题

1. 分型面的形状有________、________、________和________等几种形式。

2. 分型面是________和________的结合处，在塑件的________外形处，是为了塑件和凝料的取出而设计的。

3. 为了便于排气，一般选择分型面与熔体流动的___________相重合。

4. 选择分型面时，为便于侧分型和抽芯，若塑件有侧孔或侧凹时，宜将侧芯设置在________上，除液压抽芯机构外，一般应将抽芯或分型距较大的放在________方向上；对于大型塑件需要侧面分型时，应将大的分型面设在________方向上。

（二）判断题

1. 分型面是指分开模具取出塑件和浇注系统凝料的可分离的接触表面，分型面可以垂直于合模方向，也可以与合模方向平行或倾斜。（　　）

2. 尽量将塑件有同轴度要求的部分放到分型面的同一侧。（　　）

3. 分型面应选在塑件外形最小轮廓处。（　　）

4. 分型面不能选在塑料制件的光滑表面和外观面。（　　）

（三）问答题

1. 什么是分型面？分型面的作用及其形式？

2. 单型腔和多型腔注射模的优缺点？

3. 平衡式和非平衡式型腔分布的特点是什么？

4. 分型面选择的一般原则有哪些？

2.3 注塑模具的基本结构

注塑模具的基本结构以使用的目的而不同，大致上可作图 2.5 所示分类。

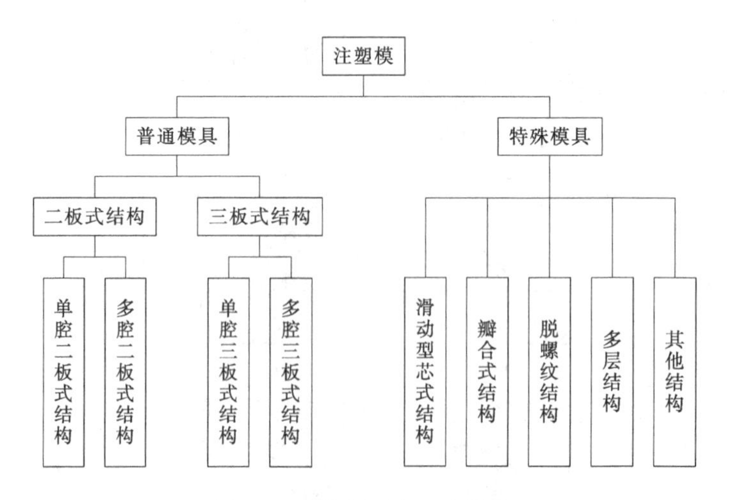

图 2.5　注塑模具的基本结构

普通模具的基本组合形式如图 2.6～图 2.9 所示。

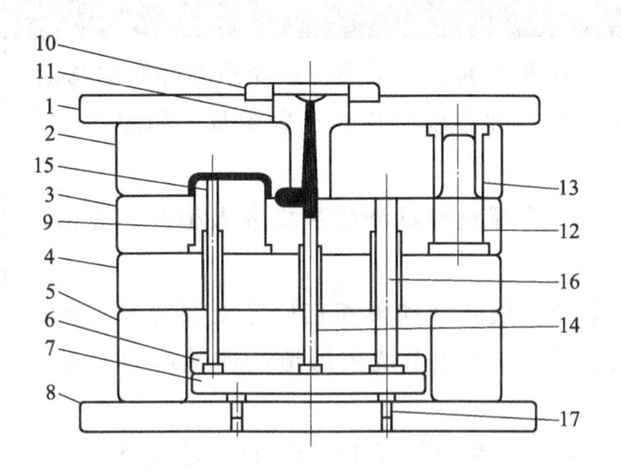

图 2.6　二板式侧进料口推杆推出形式

1—定模座板；2—定模板；3—动模板；4—支承板；5—垫块；6—推杆固定板；7—推板；8—动模座板；9—型芯；10—定位圈；11—浇口套；12—导柱；13—导套；14—拉料杆；15—推杆；16—复位杆；17—限位钉

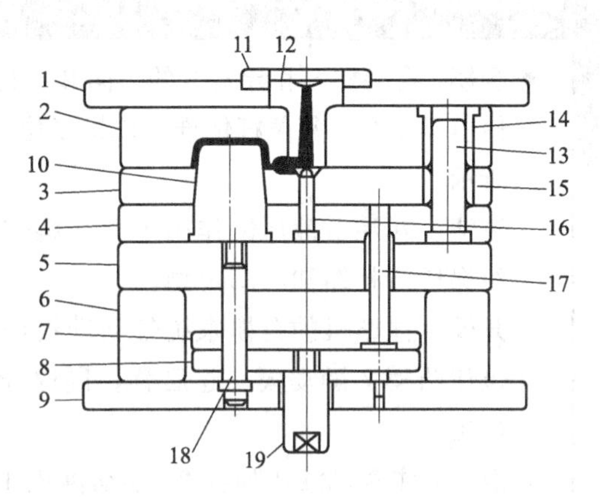

图 2.7　二板式侧进料口推板推出形式

1—定模座板；2—定模板；3，8—推板；4—动模板；5—支承板；6—垫块；7—推杆固定板；9—动模座板；10—型芯；11—定位圈；12—浇口套；13—导柱；14，15—导套；16—拉料杆；17—复位杆；18—推板导柱；19—推杆

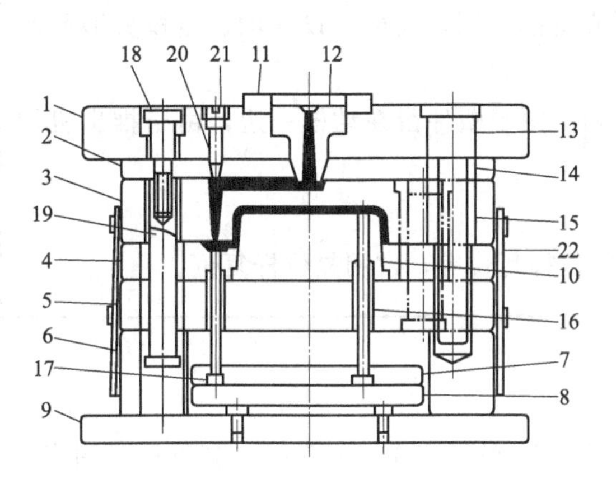

图 2.8　三板式点浇口推杆推出形式

1—定模座板；2—脱浇道板；3—定模板；4—动模板；5—支承板；6—垫块；7—推杆固定板；8—推板；9—动模座板；10—型芯；11—定位圈；12—浇口套；13—导柱；14，15—导套；16—推杆；17—复位杆；18—限位螺钉；19—拉杆；20—拉料杆；21—螺塞；22—拉板

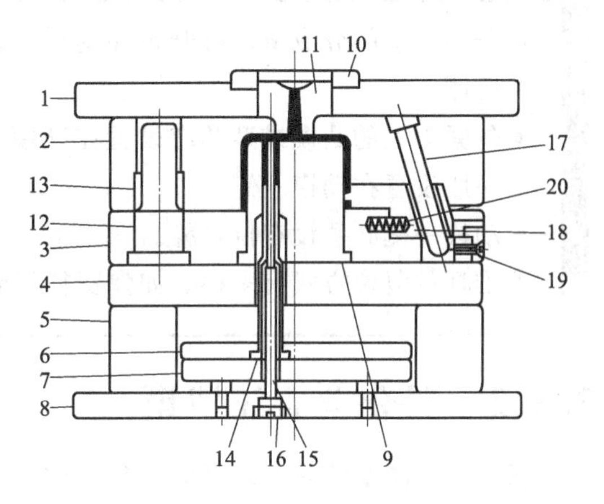

图 2.9　二板式直接浇道侧抽芯形式

1—定模座板；2—定模板；3—动模板；4—支承板；5—垫块；6—推杆固定板；7—推板；8—动模座板；9—型芯；10—定位圈；11—浇口套；12—导柱；13—导套；14—推管；15—型芯；16—螺塞；17—销钉；18—侧型芯；19—限位块；20—弹簧

2.3.1　单分型面注塑模

单分型面注塑模的模具只有一个分型面。模具开模以后，因为塑件与浇口凝料连成一个整体，只需要一个分型面来取出塑件和凝料，模具被一个分型面分为动模部分和定模部分，因此，单分型面注射模也称两板式注塑模，其典型结构如图 2.2 所示。

单分型面注塑模工作原理：

- 合模：在导柱 8 和导套 9 的导向和定位下，注塑机的合模系统带动动模部分向前移动，使模具闭合，复位杆使推出机构复位，注塑机提供足够锁模力锁紧模具，如图 2.2(a) 所示。
- 注塑：在注射液压缸作用下，塑料熔体通过喷嘴经模具浇注系统进入型腔，充满后经保压、补缩和冷却定型。
- 开模：注塑机的合模系统带动动模向后移动，模具从动模和定模分型面分开，塑件包住凸模 7 随动模一起后移，同时拉料杆 15 将浇注系统主流道凝料从浇口套 6 中拉出。
- 推出：注塑机液压顶杆 21 推动推板 13，推杆 18 和拉料杆 15 分别将塑件及浇注系统凝料从凸模 7 和冷料穴中推出，如图 2.2(b) 所示。

单分型面注塑模是注塑模具中最简单的一种结构形式。根据生产需要，既可设计成单型腔注射模，也可以设计成多型腔注射模，应用十分广泛。

单分型面注塑模设计注意事项：

- 分型面上的分流道，可开设在动模一侧或定模一侧，也可开设在动、定模分型面的两侧。
- 包紧力大的凸模或型芯应设置在动模一侧，便于塑件留在动模一边，由于推出机构一般设置在动模一侧。
- 动模一侧必须设有拉料杆。
- 推杆的复位方式有多种。如弹簧复位或复位杆复位等，常用复位杆复位。

2.3.2 双分型面注塑模

双分型面注塑模的模具有两个分型面，如图 2.10 所示。*A*—*A* 为第一分型面，用来取出浇注系统凝料；*B*—*B* 第二分型面，用来取塑件。模具被 *A*—*A*、*B*—*B* 两个分型面将模具分为定模、中间板和动模三个部分。因此，双分型面注塑模也称三板式注塑模具。

双分型面注塑模工作原理：

- 合模：在导柱 13 的导向和定位下，注塑机的合模系统带动动模部分向前移动，使模具闭合，推件板 4 通过推杆 14 使推出机构复位，注塑机锁紧模具，如图 2.10 所示。
- 注塑：在注射液压缸作用下，塑料熔体通过喷嘴经模具浇注系统进入型腔，充满后经保压、补缩和冷却定型。
- 开模：注塑机开合模系统带动动模向后移动，由于弹簧 7 对中间板 12 施压，迫使中间板与定模板 11 从 *A* 处分型，主浇道凝料随之取出。中间板后移到一定距离时，定模板上的限位销 6 止住中间板。动模继续后移，*B* 分型面分型，塑件包紧在凸模 9

上，并与浇道凝料在浇口处自行拉断。

- 推出：动模继续后移，注塑机液压顶杆顶到推板 16，推件板 4 在推杆 14 推动下将塑件从凸模 9 上推出，塑件由 B 分型面之间自由落下。

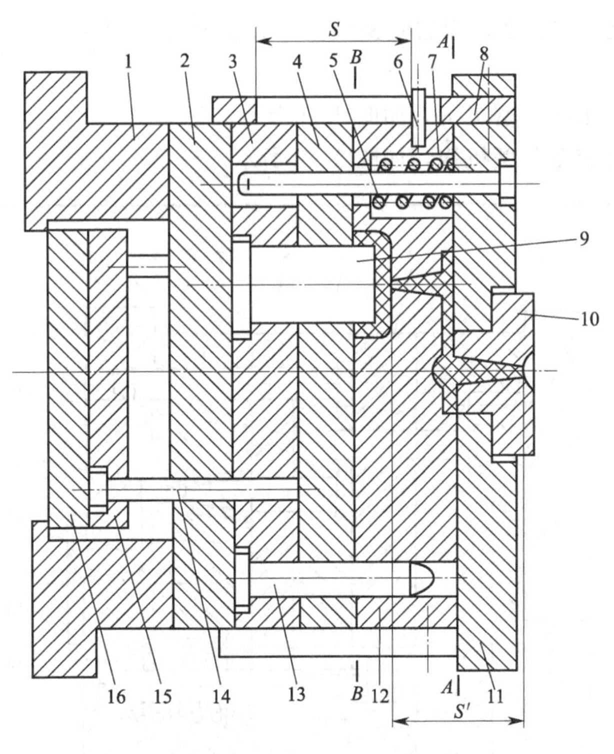

图 2.10 双分型面注塑模

1—模脚；2—支承板；3—动模板；4—推件板；5，13—导柱；6—限位销；7—弹簧；8—定距拉板；9—凸模；10—浇口套；11—定模板；12—中间板；14—推杆；15—推杆固定板；16—推板

有时，为了便于拉断浇口和浇道凝料的顺利脱模，在定模一侧对应点浇口处安装拉料杆或开设侧凹，并增加一块可以往复移动的分浇道推板，如图 2.11 所示。

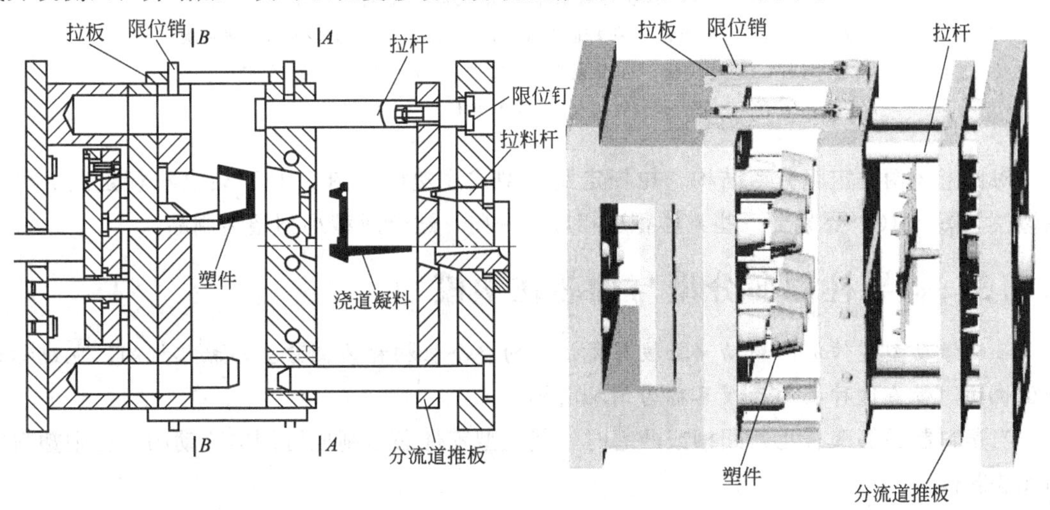

图 2.11 利用拉料杆拉断点浇口

双分型面注塑模设计注意事项：

- 三板式模浇口多为点浇口，故大型塑件或流动性差的塑料不宜采用此种模具结构形式。
- 三板式模在定模部分必须设置定距装置，计算好分型距离 S'、S。常用有两类定距分型机构。

  第一种：拉板定距分型机构，如图 2.10 所示。

  第二种：拉杆定距分型机构，如图 2.12 所示。

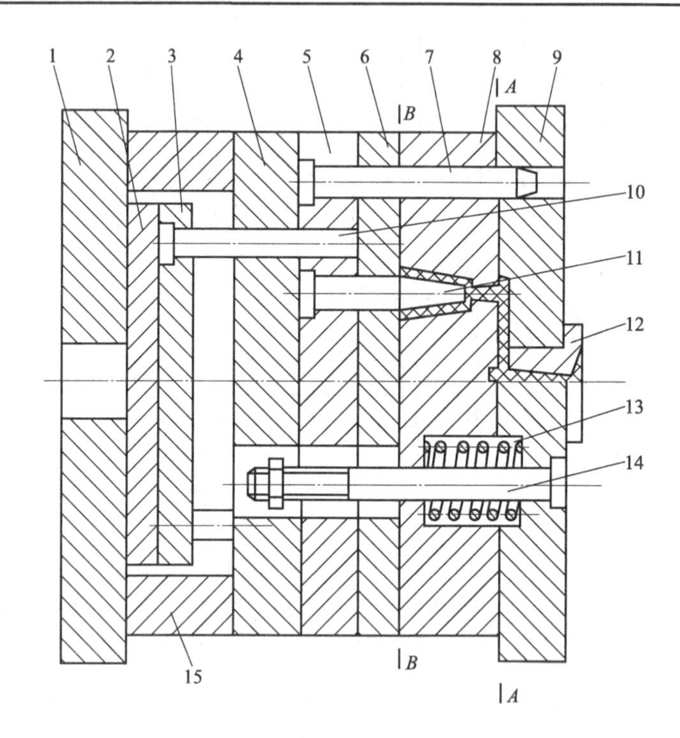

图 2.12 弹簧分型拉杆定距式双分型面注塑模

1—定模座板；2—推板；3—推杆固定板；4—支承板；5—动模板；6—推件板；7—导柱；8—中间板；9—定模板；10—推杆；11—型芯；12—浇口套；13—弹簧；14—定距导柱拉杆；15—垫块

对比上述两类定距分型结构，拉杆定距分型式注塑模（图 2.12）较之拉板定距分型式注塑模（图 2.10）要紧凑一些，体积也相应小一些，适合成型小型塑料制品。

2.3.3 斜导柱侧向分型与抽芯注塑模

带动活动型芯作侧向移动（抽拔与复位）的整个机构称为侧分型与抽芯机构，也统称为行位机构，带有这种机构的模具称为侧抽芯模。

当塑料制品侧壁有孔、凹槽或凸起时，其成型零件必须制成可侧向移动的，否则塑料制品无法脱模。

侧分型与抽芯机构类型较多，分类方法多种多样，根据各类结构的使用特点，可以概括为：定模行位机构、动模行位机构、内行位机构、哈夫模机构、斜顶摆杆机构和液压（气动）行位机构等。图 2.13 为斜导柱侧向分型与抽芯（动模行位机构）注塑模。

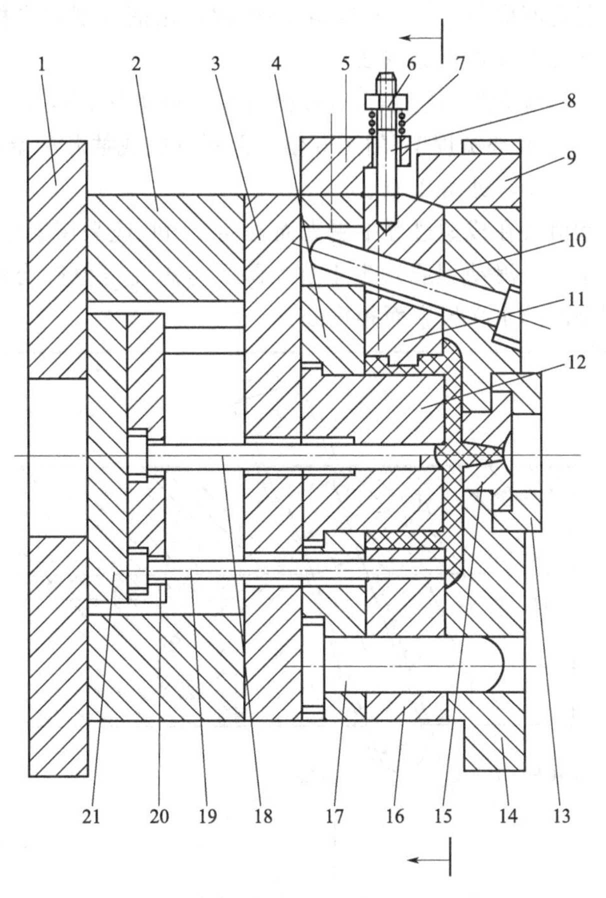

图 2.13　斜导柱侧向分型与抽芯注塑模

1—定模座板；2—垫块；3—支承板；4—凸模固定板；5—挡块；6—螺母；
7—弹簧；8—滑块拉杆；9—楔紧块；10—斜导柱；11—侧型芯滑块；
12—型芯；13—定位圈；14—定模板；15—浇口套；16—动模板；
17—导柱；18—拉料杆；19—推杆；20—垫板；21—推板

斜导柱侧向分型与抽芯注塑模工作原理：

- 合模：复位杆使推杆机构复位，斜导柱 10 使侧型芯滑块 11 向内移动复位，最后侧型芯滑块由楔紧块 9 锁紧，如图 2.13 所示。
- 注塑：在注射液压缸作用下，塑料熔体通过喷嘴经模具浇注系统进入型腔，充满后经保压、补缩和冷却定型。
- 开模：动模部分向后移动，开模力通过斜导柱 10 带动侧型芯滑块 11 在动模板 16 的滑槽内向外滑动至侧型芯滑块与塑件完全脱开，完成侧向抽芯动作。
- 推出：塑件包在型芯 12 上，随动模继续后移，直到注塑机顶杆接触推板 21，推动整个推出机构，推杆 19 将塑件从型芯上推出。

斜导柱侧向分型与抽芯注塑模设计注意事项：

- 斜导柱与滑块斜孔间应留有 0.5～1mm 的间隙，保证侧型芯未抽出前锁紧楔先脱开滑块，以免干涉抽芯动作，见图 2.14 。
- 滑块在导滑槽中活动必须顺利平稳，不应发生卡滞、跳动等现象，常用导滑形式见图 2.15。
- 滑块长度 L 应大于滑块宽度 W 的 1.5 倍，并保证完成抽芯后留在导滑槽内长度 l 不小于滑块长 L 的 2/3，见图 2.16。
- 为防止侧型芯和滑块在成型过程中受力而移动，滑块应采用锁紧楔锁紧。
- 为防止顶杆复位时与滑动型芯发生干扰，除了考虑先复位机构外，还应尽量避免将顶杆设计在侧型芯的水平投影面相重处。

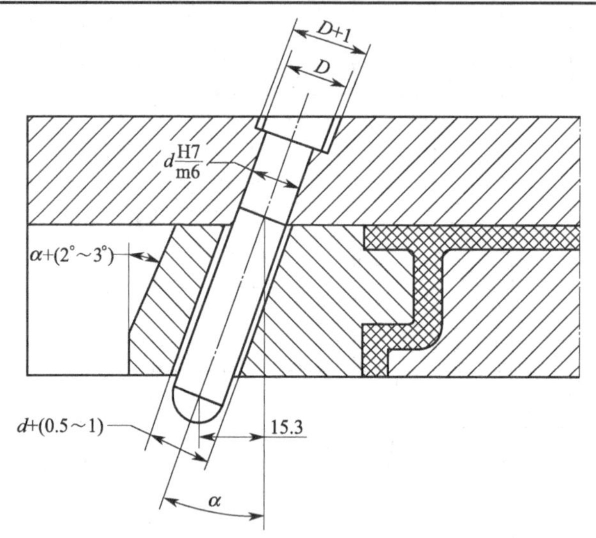

图 2.14　斜导销与滑块斜孔的配合

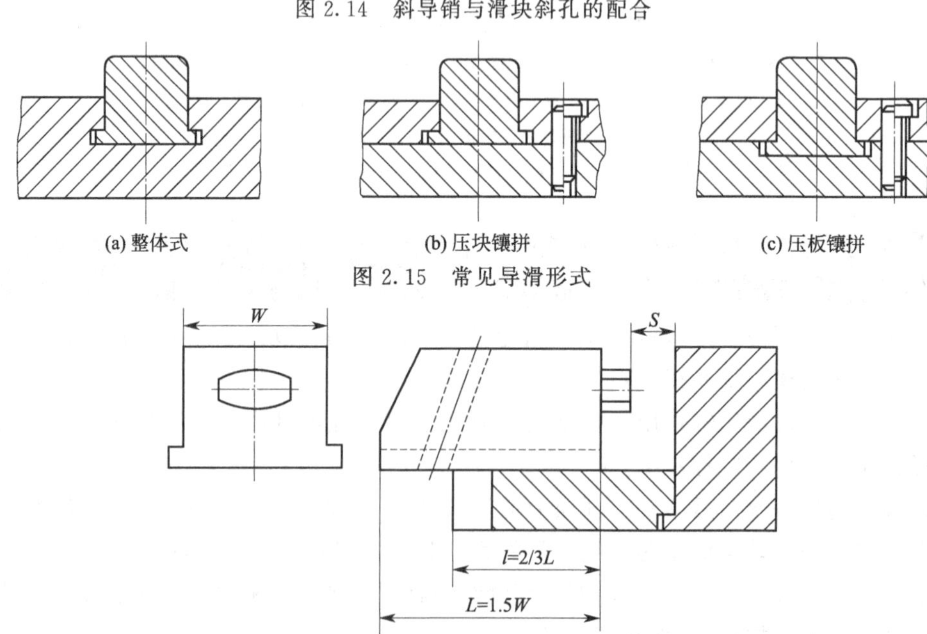

图 2.15　常见导滑形式

图 2.16　导滑槽的设计尺寸

其他侧抽芯形式，见表 2.5。

表 2.5　其他侧抽芯形式

抽芯形式	简　图	说　明
内行位机构	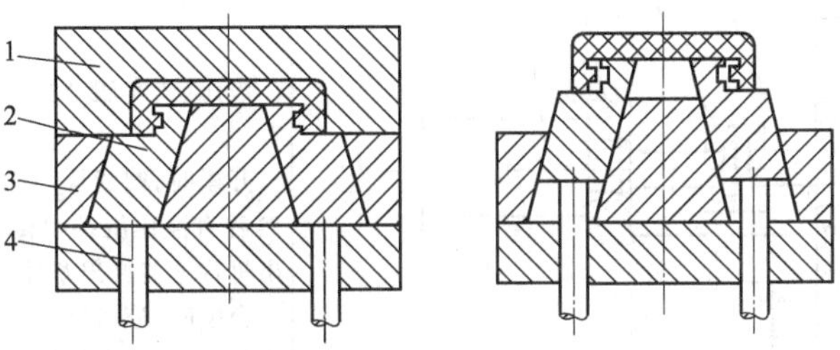 (a) 合模状态　(b) 抽芯推出状态 1—型腔；2—滑块型芯；3—型芯固定板；4—推杆	滑块型芯 2 上端为侧向型芯，它安装在型芯固定板 3 的斜孔中。 开模后，推杆 4 推动滑块型芯 2 向上运动，沿着型芯固定板 3 的斜孔向内侧移动，从而在推杆 4 推出塑件时，也完成内侧抽芯动作
哈夫模机构	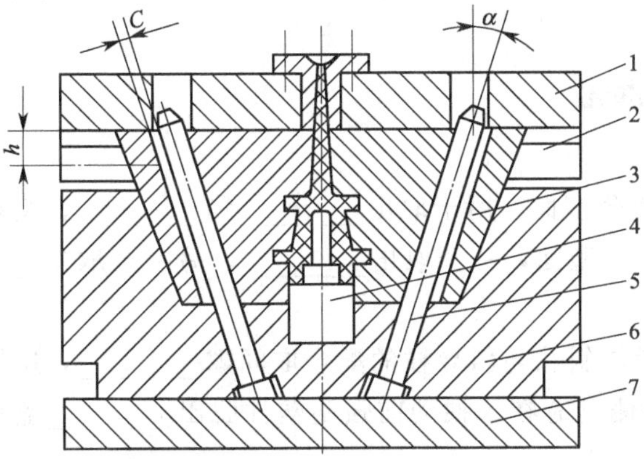 1—定模座板；2—导滑槽；3—凹模滑块；4—型芯；5—斜导柱；6—动模板（B 板）；7—动模座板	型腔制成可侧向滑动的瓣合式模块（哈夫块），斜导柱 5 与凹模滑块 3 上的斜导孔存在着较大间隙 C（1.6～3.6mm）。 开模时，凹模滑块侧向移动前，动、定模先分开一段距离 h，由于凹模滑块的约束，塑件与型芯 4 也将脱开一段距离 h，然后侧向分型抽芯动作才开始
斜顶机构	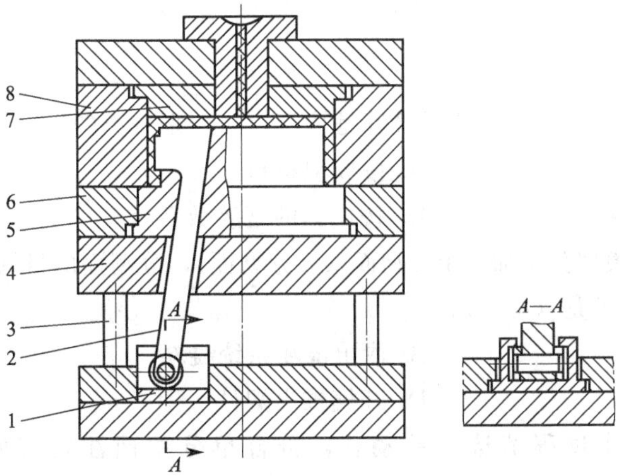 1—滑座；2—斜推杆；3—推杆；4—支撑板；5—型芯；6—动模板（B 板）；7—型腔；8—定模板（A 板）	斜推杆 2 安装在型芯 5 和支撑板 4 的斜方孔内，另一端装有滚轮并通过滑座 1 固定在推杆固定板上。 开模时，推杆固定板推动滑座 1，迫使斜推杆 2 沿斜方孔运动，从而完成内侧抽芯动作，并协助推出塑料制品

续表

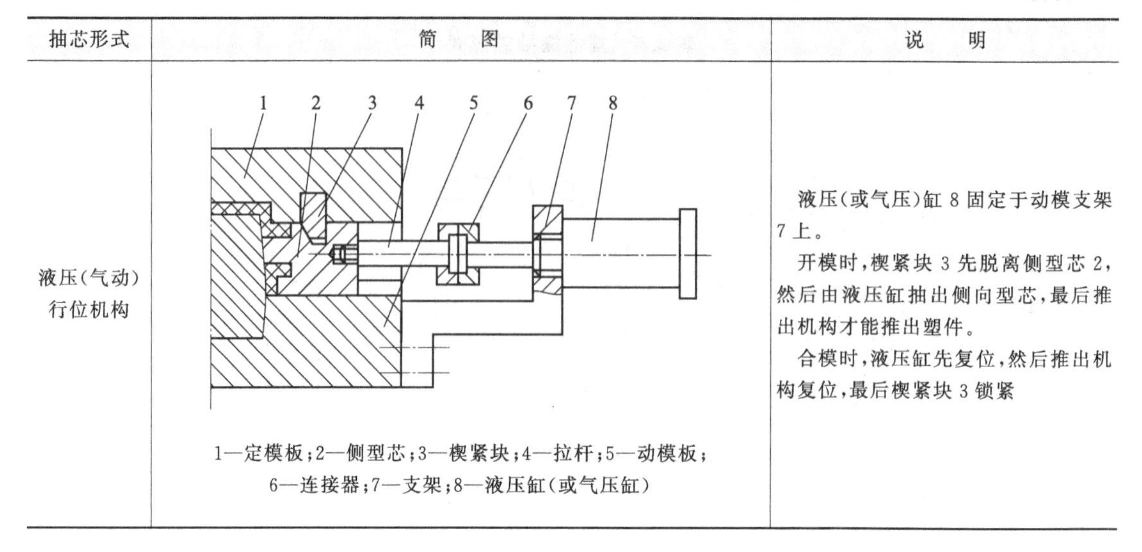

抽芯形式	简　图	说　明
液压(气动)行位机构	1—定模板；2—侧型芯；3—楔紧块；4—拉杆；5—动模板；6—连接器；7—支架；8—液压缸(或气压缸)	液压(或气压)缸 8 固定于动模支架 7 上。 开模时，楔紧块 3 先脱离侧型芯 2，然后由液压缸抽出侧向型芯，最后推出机构才能推出塑件。 合模时，液压缸先复位，然后推出机构复位，最后楔紧块 3 锁紧

本小节内容的复习和深化

(一) 填空题

1. 单分型面模有________个分型面，用于取出________和________，又称________板式模；双分型面模有________个分型面，一个取出________，另一个取出________，又称________板式模。

2. 采用斜导柱侧抽芯时，滑块斜孔与斜导柱的配合取间隙________，这样，在开模的瞬间有一个很小的________，使侧型芯在未抽动前强制塑件脱出________型腔（或型芯），并使________先脱离滑块，然后抽芯。

3. 单分型面注塑模成型的塑件在分型后应尽量留在________一侧。为此，一般将包紧力大的凸模或型芯设在________一侧，包紧力小的凸模或型芯设在________一侧。

4. 在斜导柱抽芯机构中，可能会产生________现象，为了避免这一现象发生，应尽量避免________或________。

(二) 不定项选择题

1. 将注射模分为单分型面、双分型面注射模等是按（　　）来分类的。

A. 按所使用的注射机的形式　　B. 按成型材料

C. 按注射模的总体结构特征　　D. 按模具的型腔数目

2. 双分型面注塑模具在定模部分增加一个分型面（A 分型面），分型面的目的是（　　）；B 分型面为主分型面，分型的目的是（　　）。

A. 排出气体　　B. 取出浇注系统凝料

C. 开设浇口　　D. 开模推出塑件

3. 以下是从单分型面动作过程节选一些动作，符合单分型面注射模的动作过程为（　　）。

A. 模具锁紧→注射→开模→拉出凝料→推出塑件和凝料

B. 注射→模具锁紧→拉出凝料→推出塑件和凝料→开模

C. 模具锁紧→注射→开模→推出塑件和凝料→拉出凝料

D. 开模→注射→模具锁紧→拉出凝料→推出塑件和凝料

(三) 问答题

1. 注塑模按总体结构特征可分为哪几大类？试比较其优缺点？

2. 侧向分型抽芯机构有哪几种常见形式？在何情况下需要采用先复位机构？

3. 双分型面注塑模与单分型面注塑模相比，有何特点（从模具结构、浇口、出脱三方面说明)？

(四) 结构题

1. 如图 2.17 所示模具结构，请回答以下问题：

(1) 该模具采用________式的浇口；采用这种浇口形式的模具应是________板式模。

(2) 按件号在表 2.6 中填出对应零件的名称，并标示出分型面（直接标在图上)。

表 2.6 模具结构练习题（一)

零件号	1	2	3	4	5	6	7
零件名称							

(3) 零件 1、6、7 的作用是什么？

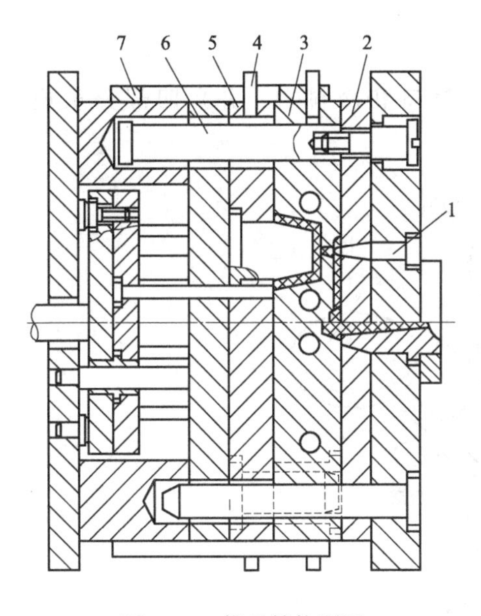

图 2.17 模具结构题图

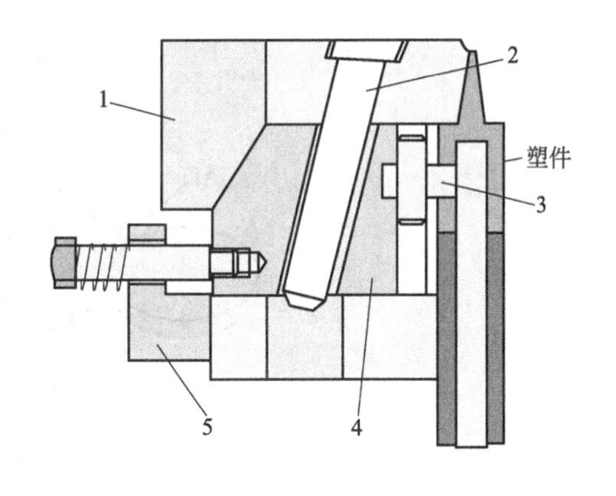

图 2.18 侧抽芯机构

2. 如图 2.18 所示侧抽芯机构，回答以下问题：

(1) 在表 2.7 中填写图中 1～5 号零件相对应的零件名称。

表 2.7 模具结构练习题（二)

零件号	1	2	3	4	5
零件名称					

(2) 阐述零件 1、2、5 的作用是什么？

2.4 注塑模具浇注系统

2.4.1 浇注系统概述

浇注系统是指塑料熔体从注塑机喷嘴射出后，到进入模具型腔以前所流经的通道。

浇注系统的作用

浇注系统的作用是将塑料熔体平稳地引入模具型腔，并在充模、压实和保压过程中，将型腔内气体顺利排出，将压力传递到型腔各个部位，以获得组织致密、外形清晰、表面光洁和尺寸稳定的塑件。因此，正确设计浇注系统对获得优质塑料制品极为重要。

浇注系统的分类

浇注系统可分为普通流道浇注系统和无流道浇注系统两大类。普通浇注系统属于冷流道浇注系统，应用广泛。无流道浇注系统属于热流道浇注系统，由于流道内的塑料始终处于熔融状态，压力损失小，没有凝料，所以，此项技术正迅速推广。

浇注系统的组成

普通流道浇注系统一般由主流道、分流道、浇口和冷料穴（井）四部分组成，如图 2.19 所示。

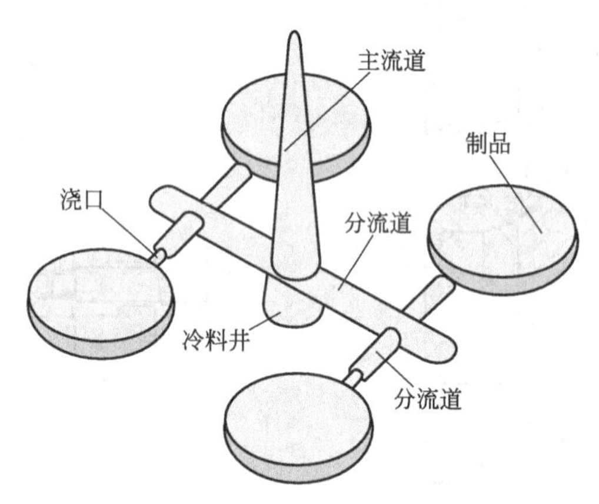

图 2.19 普通流道浇注系统

浇注系统设计原则

- 适应所用塑料的成型特性要求，保证塑料制品质量。
- 尽量减少分流次数，以避免或减少产生熔接痕。
- 应有利于型腔中气体的排出。
- 尽量采用较短的流程充满型腔。
- 防止型芯的变形和嵌件的位移，并保证不影响塑料制品的外观。

2.4.2 普通流道浇注系统结构

主流道结构形式

主流道是指连接注塑机喷嘴到分流道或型腔的一段锥形通道。它与注塑机喷嘴同轴。

主流道结构为一圆锥孔（通常锥度为 $\alpha=2^{\circ}\sim6^{\circ}$），表面粗糙度 $Ra<0.8\mu m$，其小端正对注射机的喷嘴，大端与分流道连接。主流道通常开在浇口套里边，结构及尺寸如表 2.8 所示。

表 2.8 主流道部分结构及尺寸 mm

符号	名 称	尺 寸
d	主流道小端直径	注塑机喷嘴直径＋(0.5～1)
SR	主流道球面半径	喷嘴球面半径＋(1～2)
h	球面配合高度	3～5
α	主流道锥角	$2^{\circ}\sim6^{\circ}$
L	主流道长度	尽量≤60
D	主流道大端直径	$d+2L\tan(\alpha/2)$

注流道通常设计在模具的浇口套中，其结构及固定形式如图 2.20 所示。

浇口套与模板间采用 H7/m6 的过渡配合；浇口套与定位圈采用 H9/f9 的间隙配合。定位圈用于模具与注塑机的安装定位，其外径比注塑机定模板上的定位孔小 0.2mm 以下。

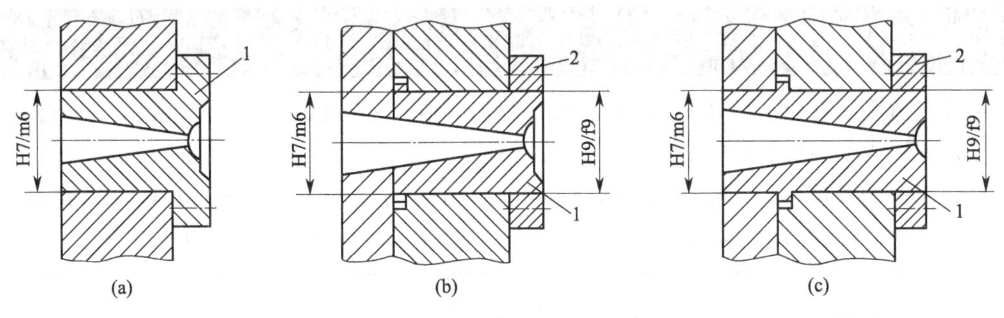

图 2.20 浇口套的结构及固定形式

1—浇口套；2—定位圈

主流道的一般设计原则

- 主流道越短越好，尤其三板模或流动性差的塑料。
- 为便于脱模，设计上大多采用圆锥形。两板模锥度取 $2^{\circ}\sim4^{\circ}$，三板模锥度取 $12^{\circ}\sim18^{\circ}$。
- 主流道同时穿过多块模板时，一定要注意每块模板上孔的锥度及孔的大小，以免影响脱模。

分流道结构形式

分流道是指连接主流道与浇口的熔体通道。其作用是改变熔体流向，平稳均衡分配料流。

分流道的结构有多种，其截面形状及尺寸如图 2.21 所示。

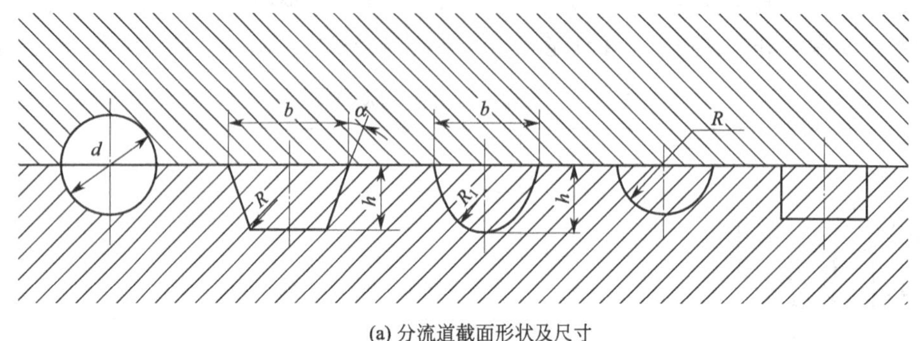

(a) 分流道截面形状及尺寸

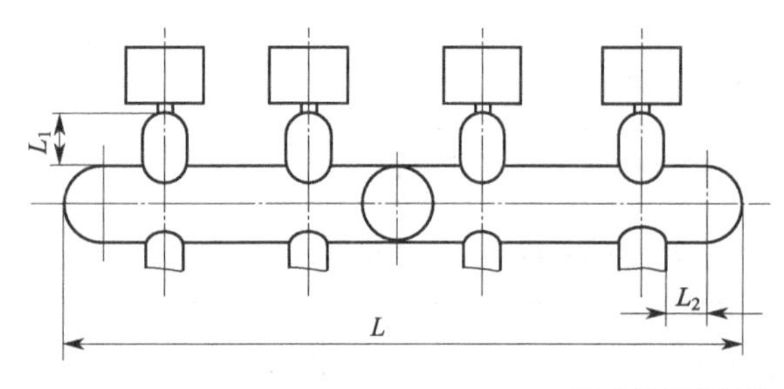

L_3

(b) 分流道长度尺寸

图 2.21 分流道结构及尺寸

分流道尺寸参考值

- 分流道截面直径：$d=2\sim10$mm，大多数塑料取 5～6mm；$b=5\sim10$mm，$h=(2b)/3$，$\alpha=5°\sim10°$［见图 2.21(a)］。
- 分流道的长度：$L_1=6\sim10$mm，$L_2=3\sim6$mm，$L_3=6\sim10$mm；$L=8\sim30$mm，具体视型腔的多少和大小而定，最短不宜小于 8mm［见图 2.21(b)］。

分流道的表面粗糙度值不能太小，一般 Ra 值为 0.16μm 左右。

分流道常用的布置形式有平衡式和非平衡式，如图 2.22 所示。

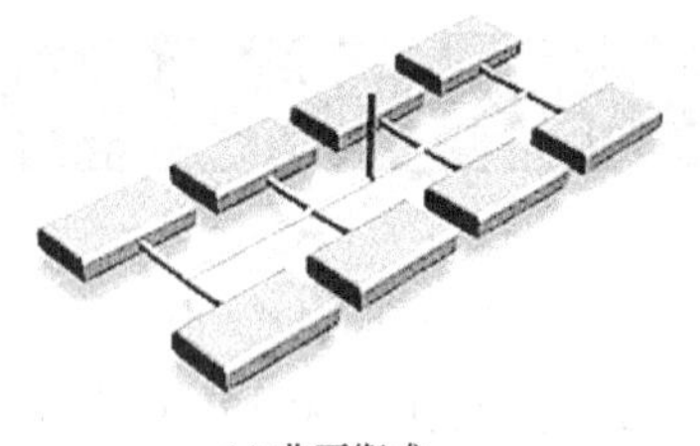

(a) 非平衡式

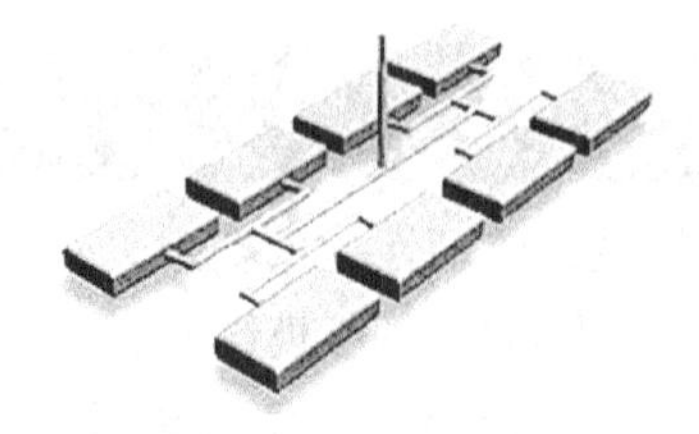

(b) 平衡式(自然)

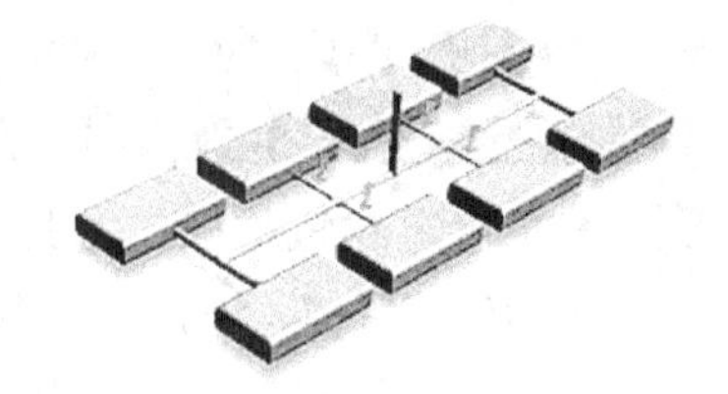

(c) 平衡式(人工)

图 2.22 分流道分布

浇口的结构形式

浇口又称进料口或内流道，是指连接分流道与型腔的熔体通道。

浇口对塑料熔体流入型腔起控制作用，当注塑压力撤销后，浇口固化，封闭型腔，使型腔中尚未冷却固化的塑料不会倒流。浇口是浇注系统的关键部位，一般情况下采用长度很短（1～1.5mm）而截面很窄的小浇口（取分流道截面积的3%～6%，正常浇口厚度是浇口处壁厚的50%～80%），在设计时应取最小值，试模时逐渐修正。

浇口的形式很多，表2.9列出四种常用的浇口结构及尺寸。

表 2.9 常用浇口形式及特点

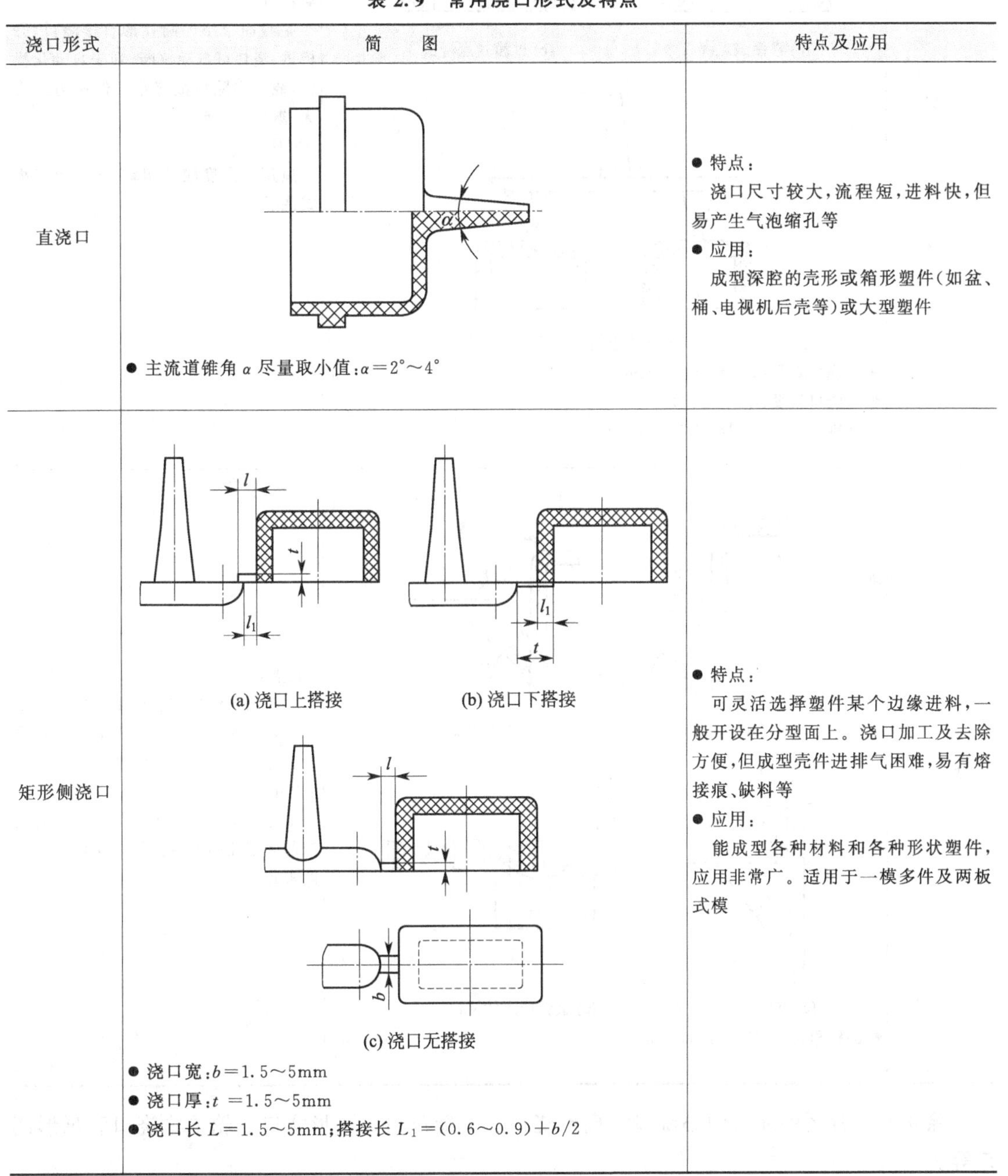

浇口形式	简 图	特点及应用
直浇口	● 主流道锥角 α 尽量取小值：$\alpha=2°\sim4°$	● 特点： 浇口尺寸较大，流程短，进料快，但易产生气泡缩孔等 ● 应用： 成型深腔的壳形或箱形塑件（如盆、桶、电视机后壳等）或大型塑件
矩形侧浇口	(a) 浇口上搭接　(b) 浇口下搭接 (c) 浇口无搭接 ● 浇口宽：$b=1.5\sim5$mm ● 浇口厚：$t=1.5\sim5$mm ● 浇口长 $L=1.5\sim5$mm；搭接长 $L_1=(0.6\sim0.9)+b/2$	● 特点： 可灵活选择塑件某个边缘进料，一般开设在分型面上。浇口加工及去除方便，但成型壳件进排气困难，易有熔接痕、缺料等 ● 应用： 能成型各种材料和各种形状塑件，应用非常广。适用于一模多件及两板式模

续表

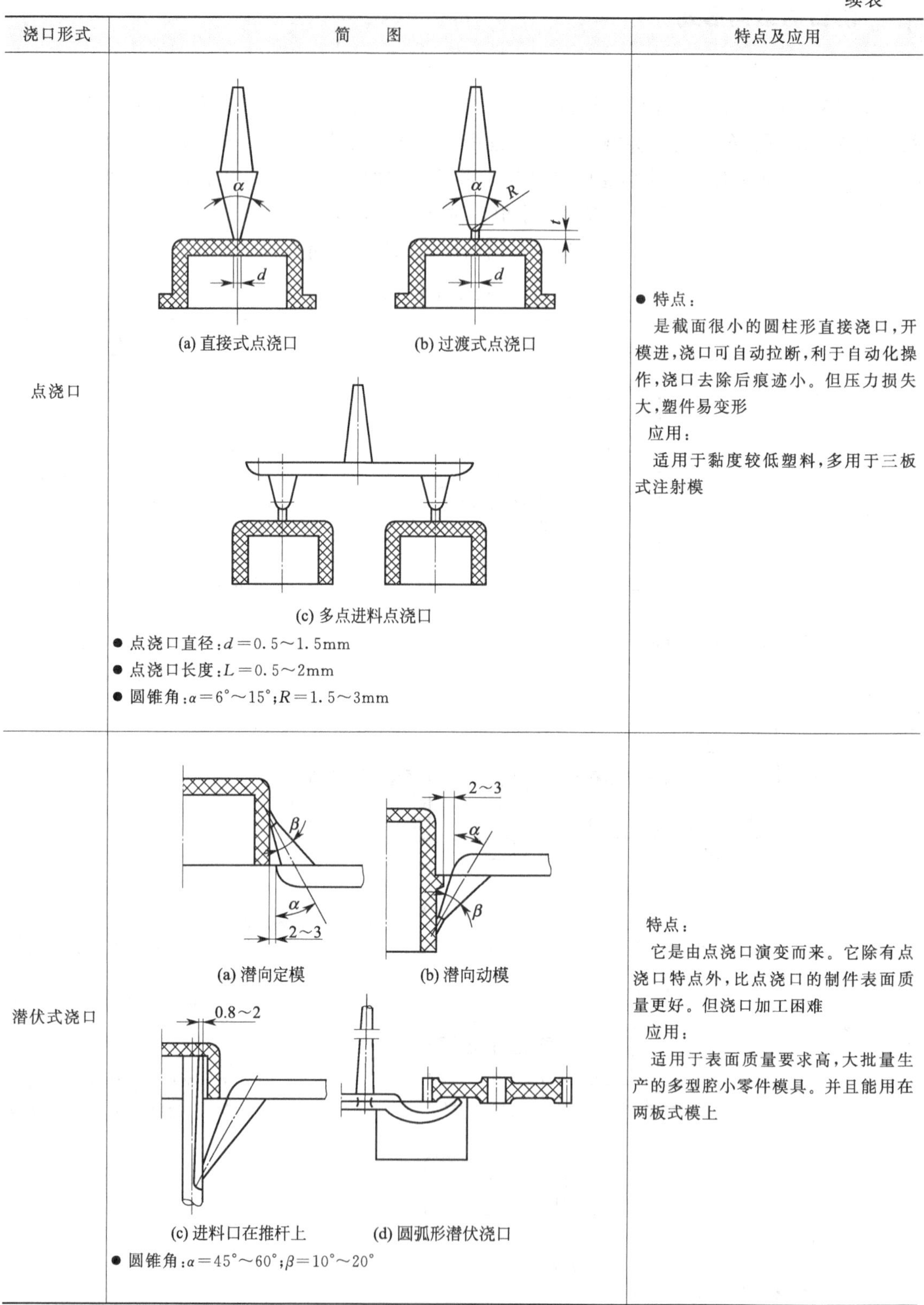

浇口形式	简　图	特点及应用
点浇口	(a) 直接式点浇口　(b) 过渡式点浇口 (c) 多点进料点浇口 ● 点浇口直径：d＝0.5～1.5mm ● 点浇口长度：L＝0.5～2mm ● 圆锥角：α＝6°～15°；R＝1.5～3mm	● 特点： 是截面很小的圆柱形直接浇口，开模进，浇口可自动拉断，利于自动化操作，浇口去除后痕迹小。但压力损失大，塑件易变形 应用： 适用于黏度较低塑料，多用于三板式注射模
潜伏式浇口	(a) 潜向定模　(b) 潜向动模 (c) 进料口在推杆上　(d) 圆弧形潜伏浇口 ● 圆锥角：α＝45°～60°；β＝10°～20°	特点： 它是由点浇口演变而来。它除有点浇口特点外，比点浇口的制件表面质量更好。但浇口加工困难 应用： 适用于表面质量要求高，大批量生产的多型腔小零件模具。并且能用在两板式模上

除此外，常用的还有中心浇口、扇形浇口、平缝浇口、环形浇口、轮辐式浇口和爪形浇口等。

浇口位置的选择原则

- 浇口位置设置应尽量缩短流动距离（图 2.23）。
- 浇口应开设在塑料制品壁最厚处。
- 尽量减少或避免熔接痕（图 2.24）。
- 应有利于型腔中气体的排除，即浇口位置要尽量远离排气结构（图 2.23）。
- 浇口应开设在不影响塑料制品外观的部位和不影响型芯的稳定部位（图 2.23）。

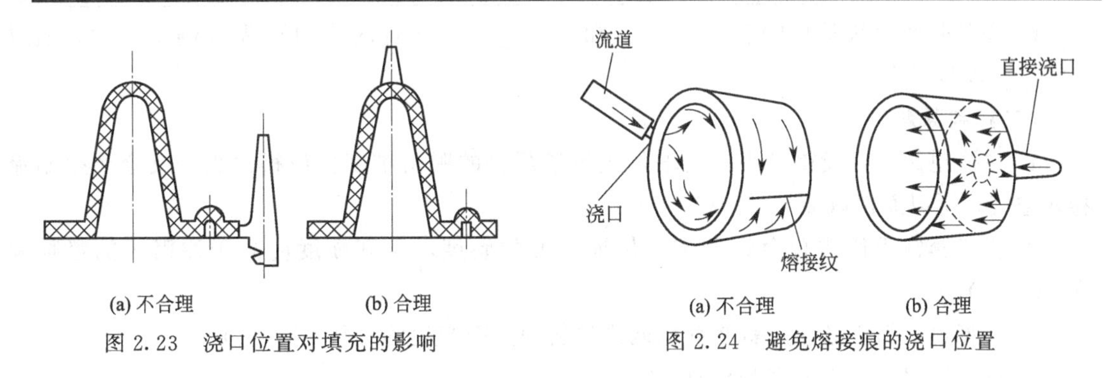

(a) 不合理　　(b) 合理

图 2.23　浇口位置对填充的影响

(a) 不合理　　(b) 合理

图 2.24　避免熔接痕的浇口位置

冷料穴的结构形式

冷料穴是位于主流道末端或分流道末端，用于容纳浇注系统流道中料流前锋冷料所形成的穴井。

冷料穴除了储存熔体前锋冷料，防止其进入型腔的作用外，还具有在开模时将主流道和分流道的冷料钩住并滞留在动模一侧的功能。冷料穴一般设在主流道对面的动模板上，其形式不仅与主流道的拉料杆有关，而且还与主流道中的凝料脱模形式有关。

常见的冷料穴有“Z 头”和“球头”两种结构形式，是由主流道拉料杆形成，主流道拉料杆有两种基本形式，见表 2.10。

表 2.10　拉料杆基本结构形式

基本形式	结构简图
适于推杆脱模的拉料杆	10～12　5°　60°　5°　5～8　(a) Z头；8～12　3°～5°　(b) 反锥头；8～12　2　d　d+(1.5～2)　(c) 浅圆环头
适于推件板脱模的拉料杆	d　d-1　(a) 球头；(b) 菌形头；(c) 分流锥头

本小节内容的复习和深化

（一）填空题

1. 普通流道浇注系统一般由________、________、________和________四部分组成。

2. 注塑模具定位圈的外径尺寸必须与注射机的________尺寸相匹配。

3. 主流道一般位于模具________，它与注射机的________重合。

4. 常用的分流道截面形式有________、________、________和________等几种形式。

5. 浇口类型可分为________、________、________、________、________和________六类。

6. 浇口截面形状常见的有________和________。设计时浇口可先选偏小尺寸，通过________逐步增大。

（二）判断题

1. 主流道圆锥角设得过小，会增加主流道凝料的脱出难度，设得过大，又会产生湍流卷入空气，所以通常取2°～6°。（　　）

2. 浇口套常用优质合金钢制造，保证足够的硬度，且其硬度应高于注射机的喷嘴硬度。（　　）

3. 分流道冷料穴其作用就是存放两次注射间隔而产生的冷料。（　　）

4. 点浇口仅适用于多型腔模具。（　　）

5. 点浇口通常使用三板模，而潜伏式浇口只使用二板模即可。（　　）

6. 为了减少分流道对熔体流动的阻力，分流道表面必须修得很光滑。（　　）

7. 浇口应开设在塑件断面最薄处。（　　）

8. 浇口位置的选择应使塑料的流程最长，料流变化方向最小。（　　）

9. 浇口的主要作用是防止熔体倒流，便于凝料与塑件分离。（　　）

10. 潜伏式浇口是点浇口变化而来的，浇口常设在塑件侧面的较隐蔽部位而不影响塑件外观。（　　）

（三）不定项选择题

1. 截面分流道制造容易，热量和压力损失小，流动阻力不大的是（　　）。

A. 圆形　　B. 矩形　　C. 梯形　　D. 半圆形

2. 把不平衡的型腔布置，通过改变（　　）尺寸，使塑料能同时充满各型腔。

A. 主流道　　B. 分流道　　C. 冷料穴　　D. 浇口

3. （　　）大多用于注射成型大、中型长流程深型腔筒形或壳形塑料制品。

A. 点浇口　　B. 侧浇口　　C. 直接浇口　　D. 环形浇口

4. （　　）适用于多型腔模具。

A. 侧浇口　　B. 点浇口　　C. 直接浇口　　D. 扇形浇口

5. （　　）常用于扁平而较薄的塑件，如盖板、标卡、托盘等。

A. 扇形浇口　　B. 点浇口　　C. 轮辐式浇口　　D. 直接浇口

6. 下列关于分流道设计原则的描述，正确的有：（　　）。

A. 要便于加工及刀具的选择

B. 分流道的固化时间应稍后于制品的固化时间，以利于压力的传递及保压

C. 保证塑料迅速、平衡地进料，且流道废料少

D. 塑料流经分流道时压力损失及热量散失要少

7. (　　) 常用于成型薄长管形或圆筒形无底塑料制品。

A. 点浇口　　B. 环形浇口　　C. 侧浇口　　D. 潜伏式浇口

8. 为了提高熔接强度，可以在料流汇合处的外侧或内侧设置 (　　)，将料流前端的冷料引入其中。

A. 浇口　　B. 溢流槽　　C. 分流道　　D. 排气槽

(四) 问答题

1. 什么是浇注系统？浇注系统的作用是什么？普通流道浇注系统由哪些部分组成？
2. 浇口位置选择的原则是什么？
3. 常用的浇口形式有哪些？各有何特点？
4. 为什么说"浇口尺寸越大越容易充模"和"浇口尺寸越小越好"都是错误的？
5. 主流道和分流道的设计原则是什么？
6. 什么是浇注系统的平衡？在实际生产中，如何调整浇注系统的平衡？

2.5　注塑模具成型零件

成型零件是指模具中直接与塑料制品接触的组成一个封闭型腔的零部件 (图 2.25)。它们决定了塑料制品的尺寸、形状和表面粗糙度，包括凹模、型芯、螺纹型芯、螺纹型环、镶拼件等零件。

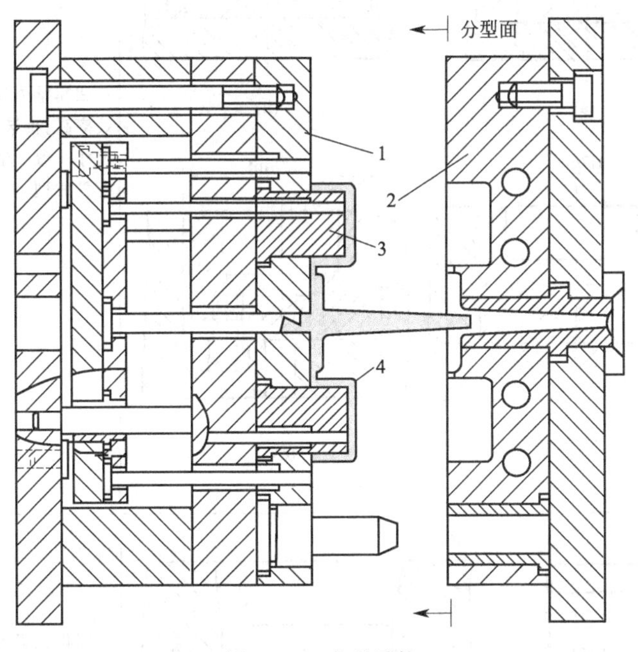

图 2.25　成型零件

1—动模板；2—型腔 (定模板)；3—型芯；4—塑料制品

2.5.1　成型零件的结构形式

成型零件结构设计主要应保证塑料制品质量要求前提下，从便于加工、装配、使用、维修等角度加以考虑。

2.5.1.1 凹模的结构

凹模也称为型腔，是成型塑料制品外表面的主要零件。按其结构不同，可分为整体式、整体嵌入式和组合式三类，如表 2.11 所示。

表 2.11 凹模的结构形式

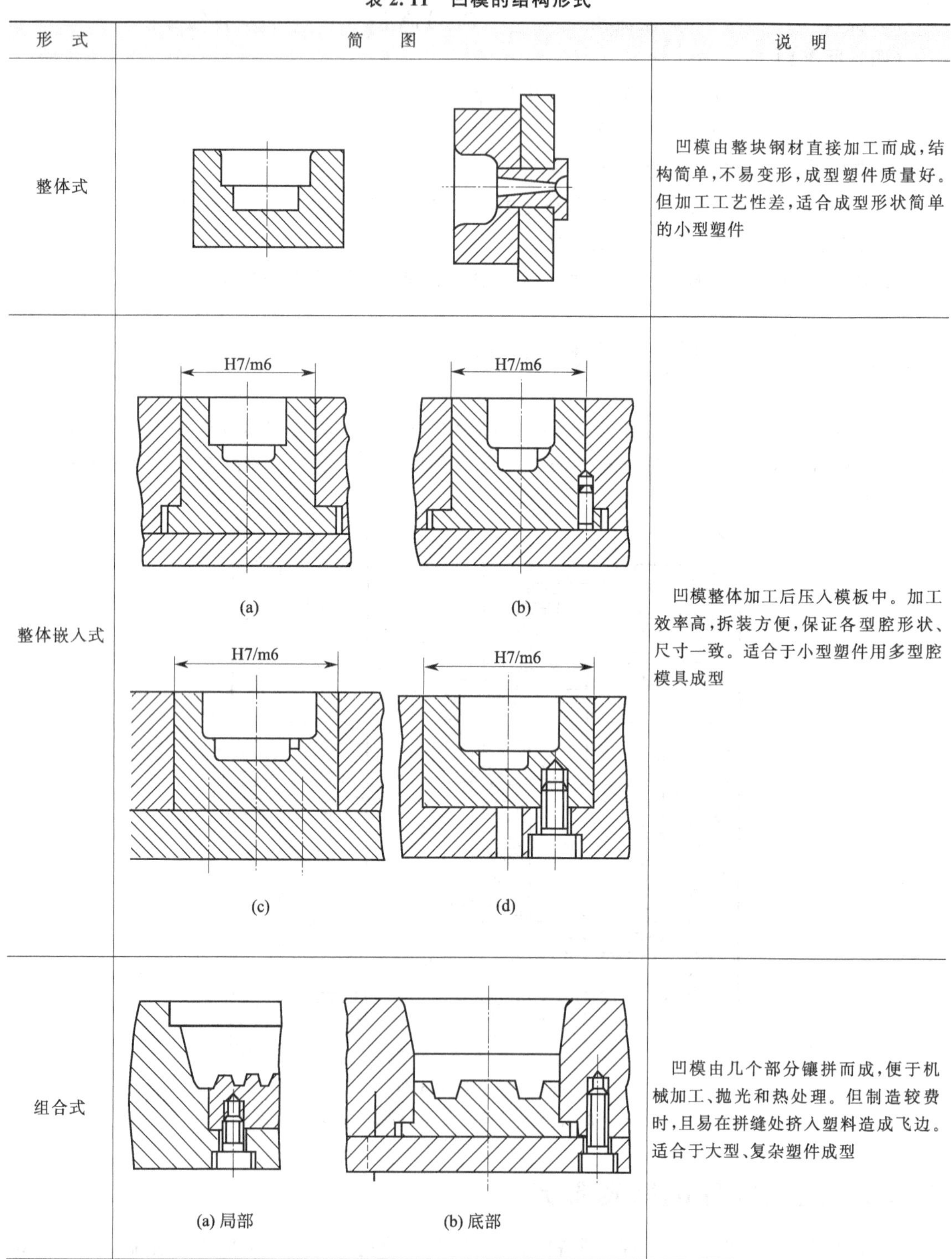

形　式	简　图	说　明
整体式		凹模由整块钢材直接加工而成，结构简单，不易变形，成型塑件质量好。但加工工艺性差，适合成型形状简单的小型塑件
整体嵌入式	H7/m6 (a)　H7/m6 (b)　H7/m6 (c)　H7/m6 (d)	凹模整体加工后压入模板中。加工效率高，拆装方便，保证各型腔形状、尺寸一致。适合于小型塑件用多型腔模具成型
组合式	(a) 局部　(b) 底部	凹模由几个部分镶拼而成，便于机械加工、抛光和热处理。但制造较费时，且易在拼缝处挤入塑料造成飞边。适合于大型、复杂塑件成型

2.5.1.2 凸模的结构

凸模和型芯均是成型塑料制品内表面的零件。凸模一般是指成型塑料制品中较大的、主要内形的零件，又称主型芯；型芯一般指成型塑料制品上较小孔槽的零件。

凸模（主型芯）或型芯按其结构不同，可分为整体式、整体嵌入式和组合式三大类，如表2.12所示。

表2.12 凸模和型芯的结构形式

结构形式	零件名称	简图	说明
整体式	凸模（主型芯）	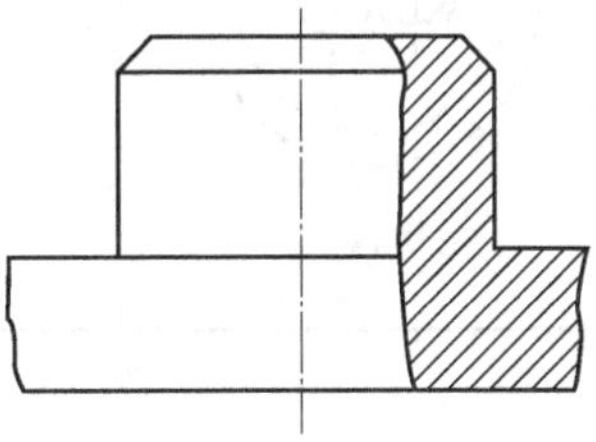	结构牢固，成型塑件质量好，但机加工不便，优质钢材消耗量大。用于形状简单的小型凸模
	小型芯（成型杆）	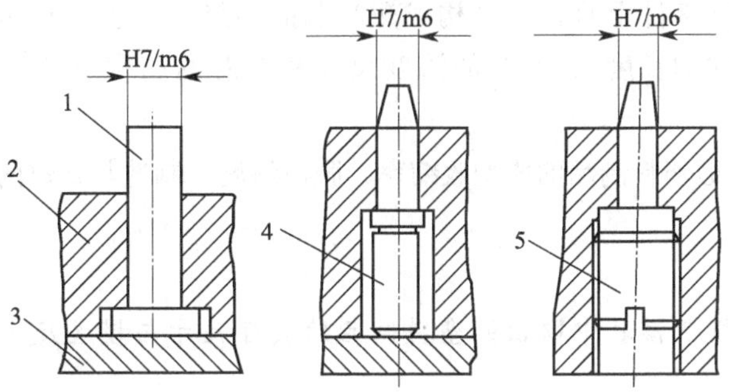 H7/m6 1 2 3 (a) H7/m6 4 (b) H7/m6 5 (c) 1—圆形小型芯；2—固定板；3—垫板；4—圆柱垫；5—螺塞	通常单独制造，然后嵌入固定板中固定
整体嵌入式	凸模（主型芯）	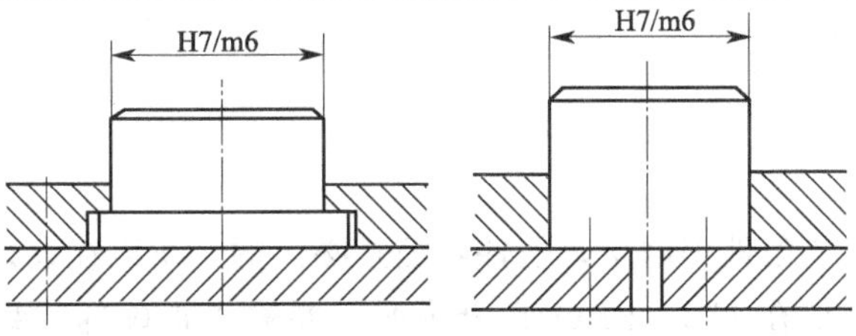 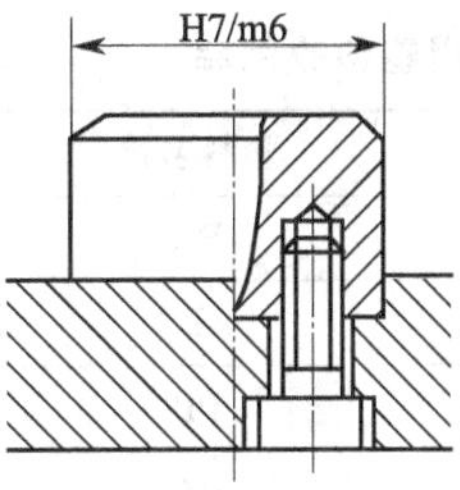 H7/m6 (a) H7/m6 (b) H7/m6 (c)	将凸模（型芯）和模板采用不同材料制成，然后连成一体。对固定部分是圆柱而型芯有方向性的场合应止转定位。适于形状简单的小型凸模

续表

结构形式	零件名称	简图	说明
组合式	凸模（主型芯）	(a) (b)	便于机械加工，但装配较费时。适于形状复杂的大型凸模（型芯）

2.5.2 成型零件的设计

成型零件工作尺寸是指成型零件上直接用来构成塑料制品的尺寸。主要有凹模和型芯的径向尺寸（包括矩形和异形零件的长度）、凹模的深度尺寸和型芯的高度尺寸、型芯和型芯之间的位置尺寸等。

成型零件设计时，应充分考虑塑料制品的成型收缩率、脱模斜度、制造与维修的工艺性等。

收缩率

收缩率（计算收缩率）是指从模具中取出的塑料制品的实际尺寸与模腔尺寸差值相对于塑料制品实际尺寸的比率。

塑件的计算收缩率可用公式表示为：

$$S_{计}=\frac{c-b}{b}\times 100\%$$

式中 c——常温时模腔的尺寸，mm；

b——常温时塑件的尺寸，mm；

$S_{计}$——塑件的计算收缩率。

由于热胀冷缩性质及成型工艺条件等因素，塑件收缩是必然的，所以在设计模具成型零件时，成型尺寸要考虑收缩率，如在 UG、PRO/E 分模时，要输入正确的收缩率。不同的塑料有不同的收缩率，常用的塑料收缩率如表 2.13 所示。

表 2.13 常用塑料收缩率

塑料名称	收缩率/%	塑料名称	收缩率/%
PS	0.5～0.8	PC	0.5～0.8
硬 PVC	0.6～1.5	ABS	0.3～0.8
PMMA	0.5～0.9	PP	2.0～3.0
POM	0.5～1.0	PA	0.5～4

注：塑件高度方向收缩率跟水平方向收缩率不完全相同，具体参考设计手册。

脱模斜度

塑料制品冷却收缩会紧紧包在型芯上或由于黏附作用而紧贴在型腔内。为了便于脱模，防止塑件表面划伤、擦毛等，型芯、型腔须考虑脱模斜度。常用塑料材料脱模斜度参考表 2.14，具体见设计手册。

表 2.14　成型零件常用的脱模斜度

塑件材料		PA(通用)	PA(增强)	PE	PS	PC	ABS
脱模斜度	型腔	20′～40′	20′～50′	20′～45′	35′～1°30′	35′～1°	40′～1°20′
	型芯	25′～40′	20′～40′	25′～45′	30′～1°	30′～50′	35′～1°

成型零件脱模斜度的确定原则

- 外形（型腔）以大端为基准，斜度由缩小方向取得，如图 2.26 所示尺寸 D。
- 内形（型芯）以小端为基准，斜度由扩大方向取得，如图 2.26 所示尺寸 d。

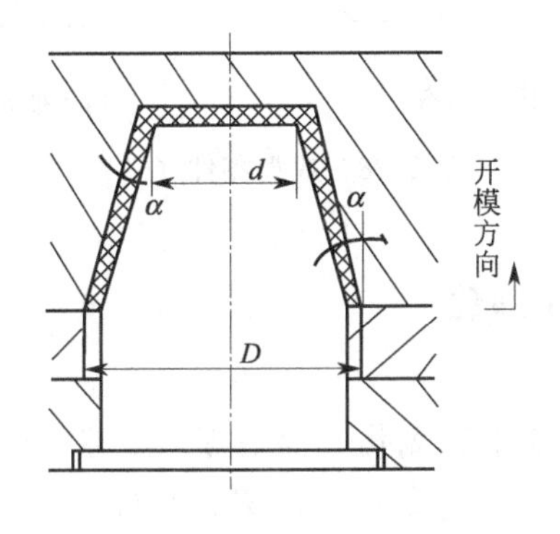

图 2.26　脱模斜度标注法

成型零件的工艺性

模具设计时，应该力求成型零件具有较好的装配、加工及维修性能。

提高成型零件工艺性考虑要点：

- 成型零件（或镶件）不能有尖角或薄壁，如图 2.27 所示。
- 成型零件应易于加工。可通过合理的镶拼组合来满足加工工艺要求，如图 2.28(a) 所示。
- 成型零件应易于尺寸修整和维修。对易磨损、尺寸有可能变动部位，应采用镶拼结构，如图 2.28(b) 所示。
- 成型零件应易于装配并且不能影响外观。

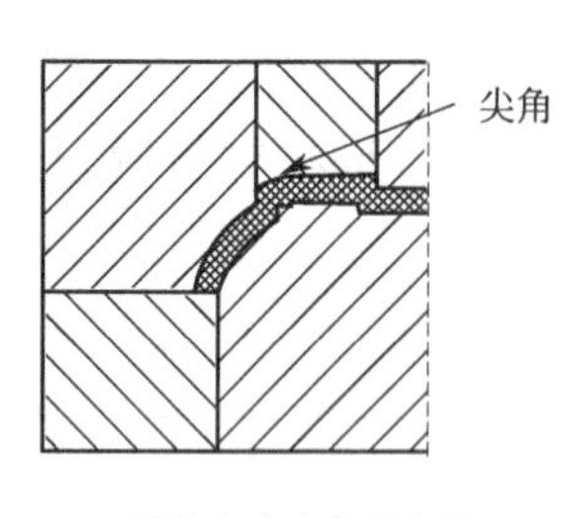

(a) 镶件上有尖角不合理

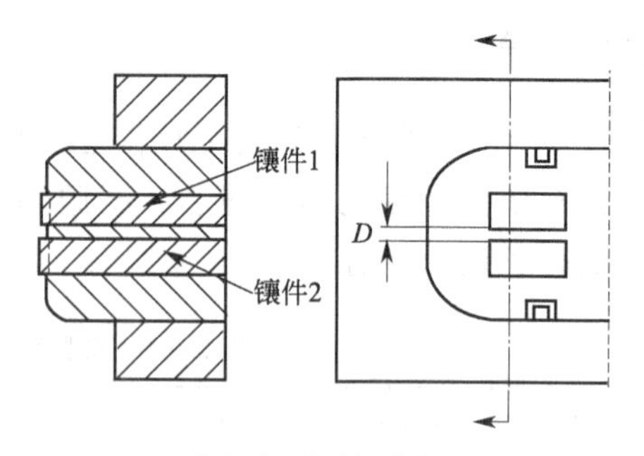

(b) D太小时只能选择其中之一做镶件

图 2.27 成型零件（一）

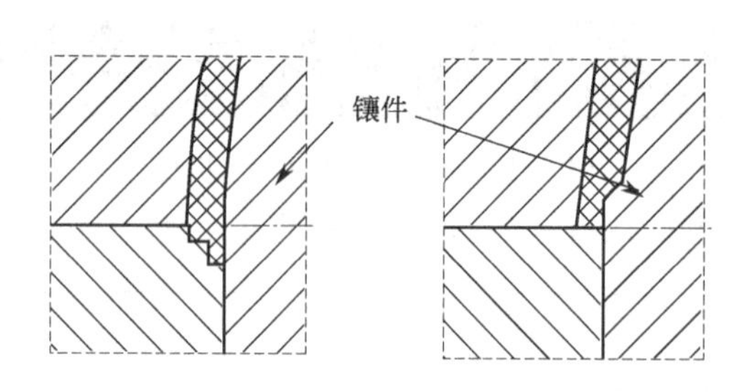

(a) 为使塑件止口易于加工，采用镶拼结构

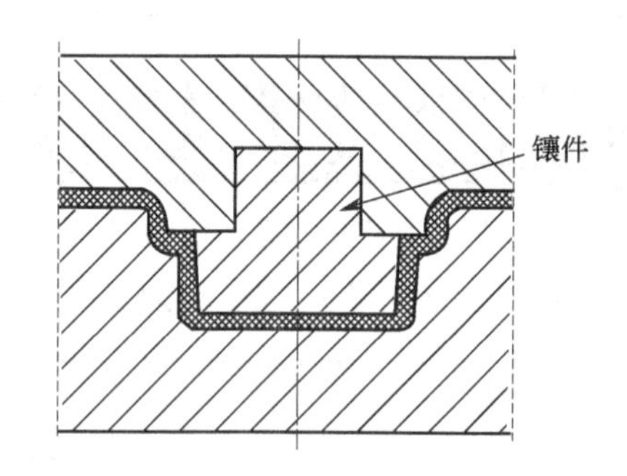

(b) 为使外形尺寸易维修，采用镶拼结构

图 2.28 成型零件（二）

本小节内容的复习和深化

（一）填空题

1. 为了便于脱模，防止塑料表面划伤、擦毛等，型芯、型腔须考虑________。

2. 由于热胀冷缩性质及成型工艺条件等因素，塑件收缩是必然的，所以在设计成型零件时，成型尺寸要考虑________。

3. 塑料成型模具成型零件的制造公差约为塑件总公差的________，成型零件的最大磨损量，对于中小型塑件取________；对于大型塑件则取________。

（二）判断题

1. 整体嵌入式凹模尺寸一致性好、更换方便。（　　）

2. 成型零件是指模具中直接与塑料熔体相接触的零部件。（　　）

3. 组合式凹模是指将形状复杂或易损坏的凹模中难以加工或易损坏部分做成镶件，然后嵌在凹模主体上。（　　）

4. 只要在同一套模具上、同一种塑料情况下，塑件的高度方向与水平的方向收缩率就一致。（　　）

5. 成型零件的磨损是因为塑件与成型零件在脱模过程中的相对摩擦及熔体冲模过程中的冲刷。（　　）

（三）不定项选择题

1. （　　）形成塑件的内表面形状，（　　）形成塑件的外表面形状，合模后凸模和凹模便构成了模具型腔。

A. 型芯　　B. 顶杆　　C. 型腔　　D. 拉料杆

2. 塑件上的侧向如果有凹凸形状及孔或凸台，需要有（　　）来成型。

A. 镶块　　B. 侧向的型芯　　C. 推杆　　D. 垫块

（四）结构题

1. 图 2.29(a) 的凹模结构形式是：________；图 2.29(b) 的结构形式是：________。

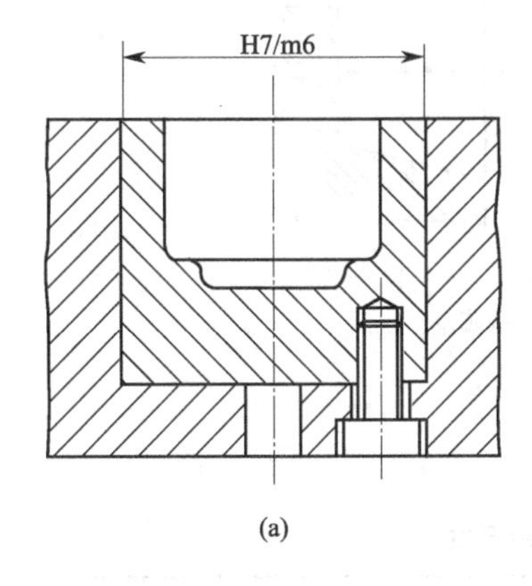

(a)

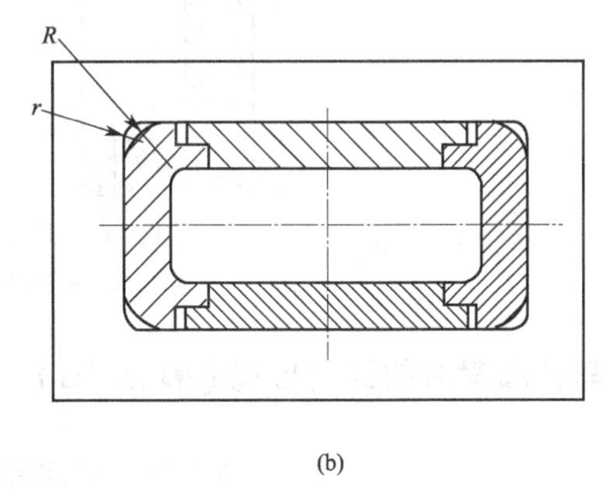

(b)

图 2.29　凹模

2. 说明图 2.29 中（a）、(b) 两种结构的特点及应用场合。

（五）问答题

1. 塑料模的凹模结构形式有哪些？

2. 什么是型芯？常见型芯的结构形式有哪些？各用在什么场合？

3. 比较整体式型腔和组合式型腔的特点。

2.6　注塑模具的导向机构及推出机构

2.6.1　合模导向机构

导向机构是指用于保证动模和定模两大部分或模内其他零件之间的准确对合，起定位和定向作用的机构。

在注塑模具中导向机构通常用于三种情况下的导向与定位：

- 用于保证动、定模两部分的准确对合，确保凸、凹模的配合间隙。
- 在垂直分型时，使垂直分型拼块在闭合时准确定位。
- 在推出机构中保证推出机构运动方向，并承受推出时的部分侧压力。

后一种情况为推出机构的导向，将在本书 2.6.2 中介绍；前两种情况主要是确保塑料制品的形状和尺寸精度，称为合模导向机构。合模导向机构主要有导柱导向和锥面定位两种形式。

2.6.1.1　导柱导向结构

导柱导向结构是比较常用的一种形式，主要的构成零件是导柱和导套，如图 2.30 所示。

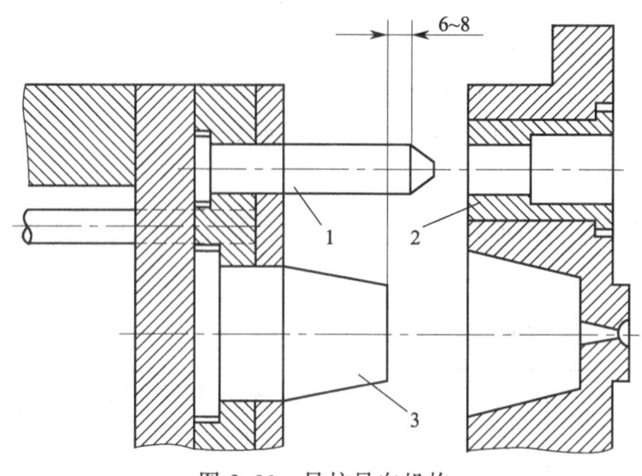

图 2.30　导柱导向机构

1—导柱；2—导套；3—凸模（型芯）

导柱和导套的结构形式（表 2.15）

表 2.15　导柱和导套的结构形式

零件名称		简图
导柱	带头导柱	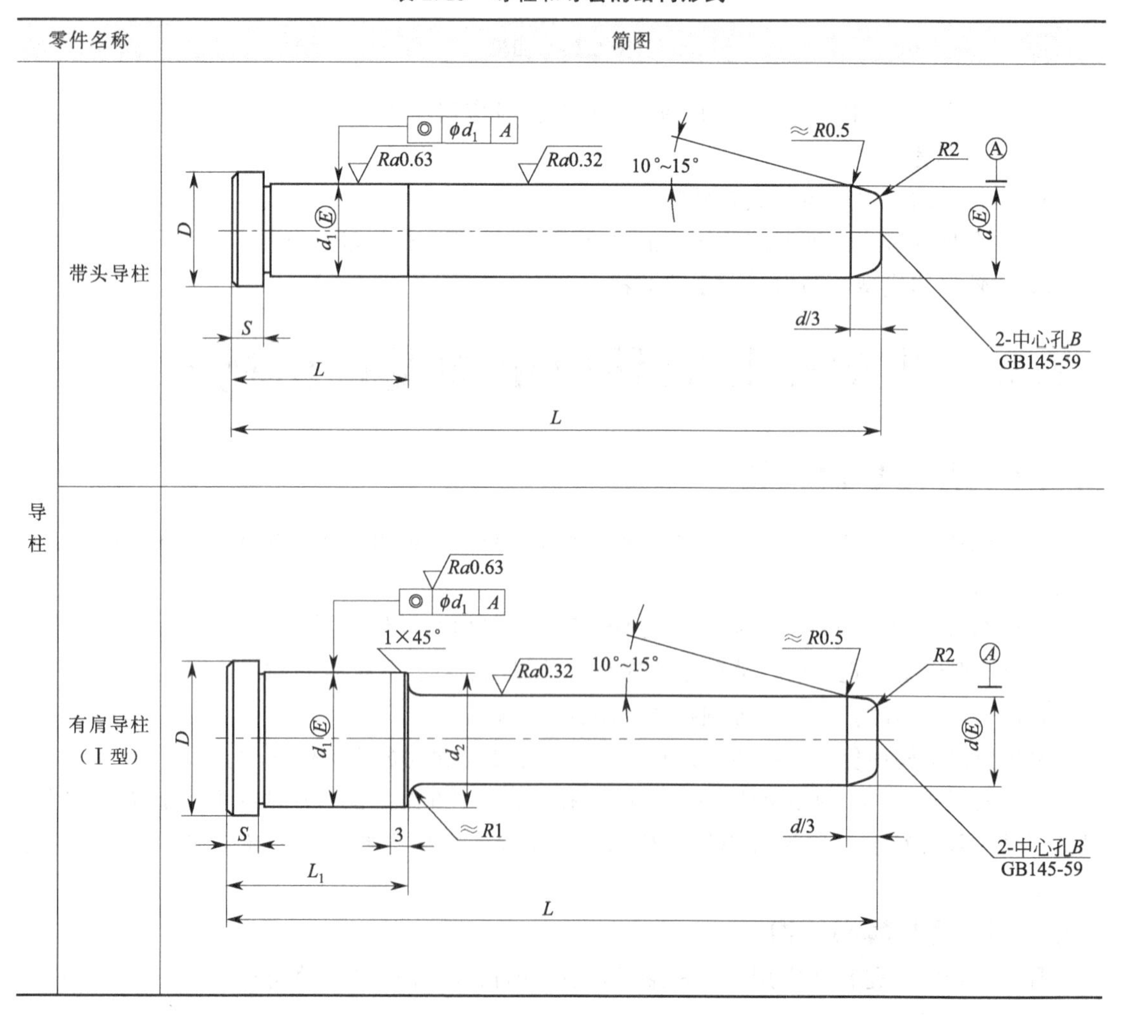
	有肩导柱（Ⅰ型）	

续表

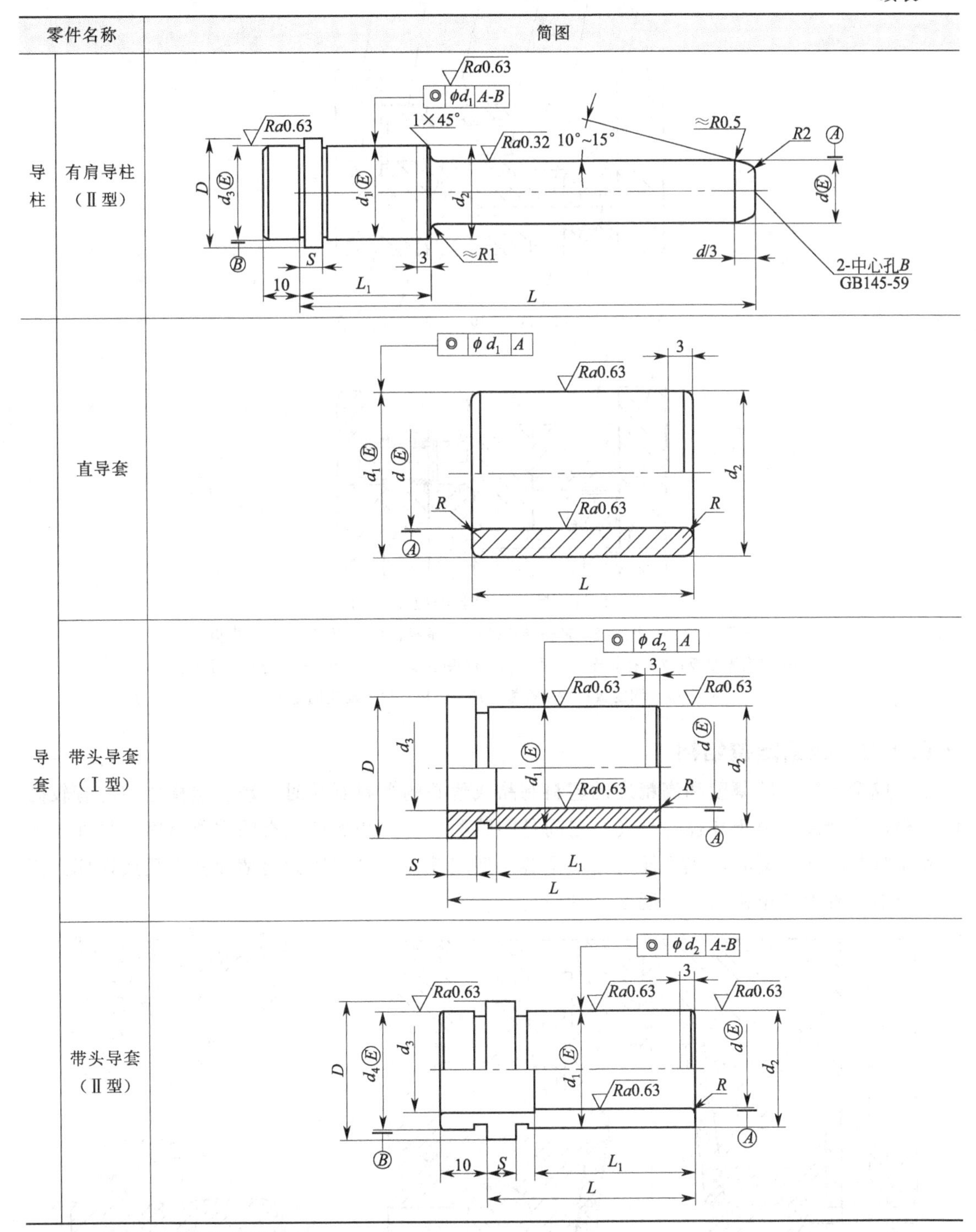

注：相关标准查阅模具设计手册。

导柱、导套的应用示例（图 2.31）

如图 2.31 所示，导柱、导套和模板的配合精度通常采用 H7/f7 或 H7/k6；导柱和导套的配合精度通常采用 H7/f7 或 H8/f7。

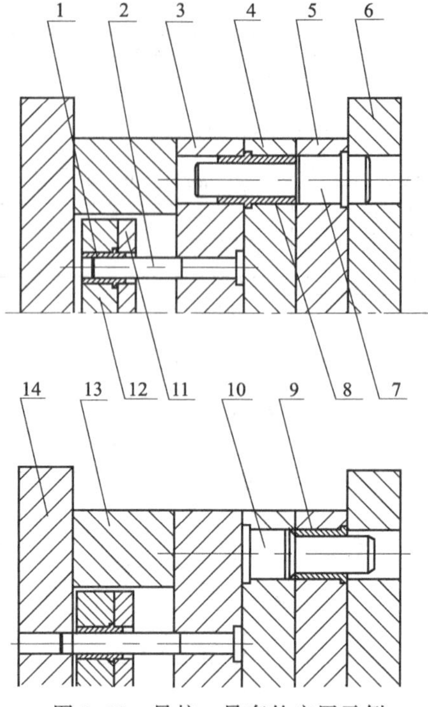

图 2.31　导柱、导套的应用示例

1，8—带头导套（Ⅱ）；2—带头导柱；3—支承板；4—动模板；5—定模板；
6—定模固定板；7—有肩导柱（Ⅱ）；9—带头导套（Ⅰ）；10—有肩导柱（Ⅰ）；
11—推杆固定板；12—推板；13—垫块；14—动模固定板

2.6.1.2　锥面定位结构

在成型大型深腔薄壁和高精度的塑料制品或偏心的塑料制品时，动、定模之间应有较高的合模定位精度，由于导柱与导套孔之间是间隙配合，无法保证应有的定位精度。另外，大尺寸塑料制品在注塑时，成型压力会使型芯与型腔偏移。侧向压力会使导柱卡死或损坏。因此还应增设锥面定位机构，如图 2.32 所示。

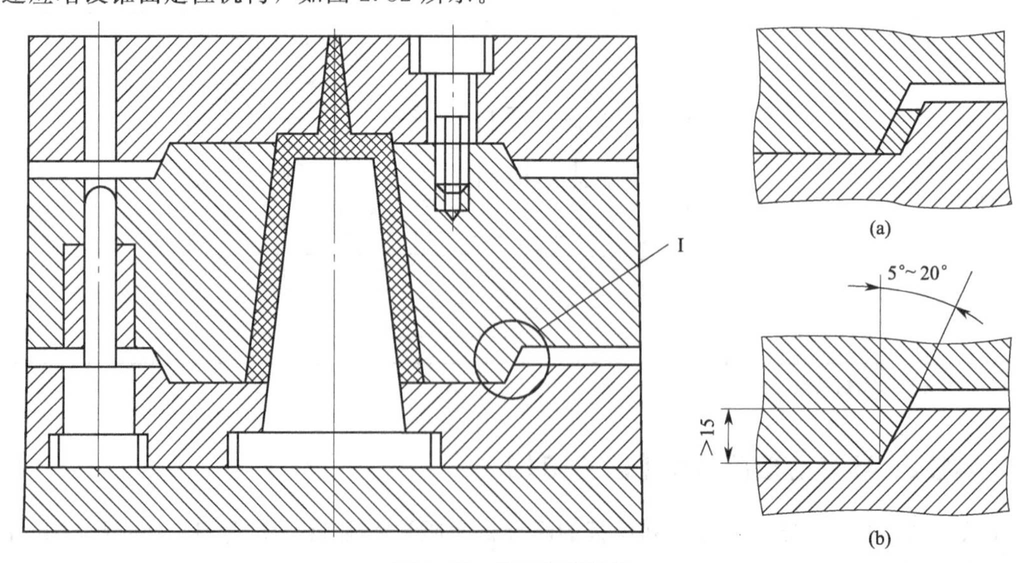

图 2.32　锥面定位结构

锥面配合的两种形式：

- 两锥面之间有间隙，如图 2.32(a) 所示。

将淬火的零件装于模具上，使之和锥面配合，以制止偏移。

- 两锥面直接配合，如图 2.32(b) 所示。

两锥面都要淬火处理，角度为 5°～20°，高度为 15mm 以上。

2.6.2 推出机构

2.6.2.1 推出机构概述

推出机构，也称脱模机构或顶出机构，是在注塑成型的每个周期中，将塑料制品及浇注系统凝料从模具中脱出的机构。

在注塑成型的每一个循环中，塑料制品及浇注系统凝料从模具中脱出。推出机构的动作通常是安装在注塑机上的顶杆或液压缸来完成的。

推出机构的结构组成

如图 2.33 所示为单分型面注塑模推出机构的零件组成。

推出机构一般由三大元件组成

- 推出元件。

如图 2.33 中推杆 1、推杆固定板 2、推板 5、拉料杆 6、支承钉 7 等。

- 复位元件。

如图 2.33 中复位杆 8 等。

- 导向元件。

如图 2.33 中推板导套 3、推板导柱 4 等。

推出机构的分类

推出机构的分类方法很多。可以按推出动作动力来源分、按推出机构的动作特点分、按推出元件类别分等。

按照不同的划分依据分类推出机构

- 按推出动作动力来源分：

手动推出；机动推出；气动和液压推出。

- 按推出机构的动作特点分：

一次推出；二次推出；定模推出；浇注系统凝料推出；顺序推出；螺纹制品推出。

- 按推出元件类别分：

推杆推出；推管推出；推件板推出；推块推出；活动镶块推出；凹模推出等。

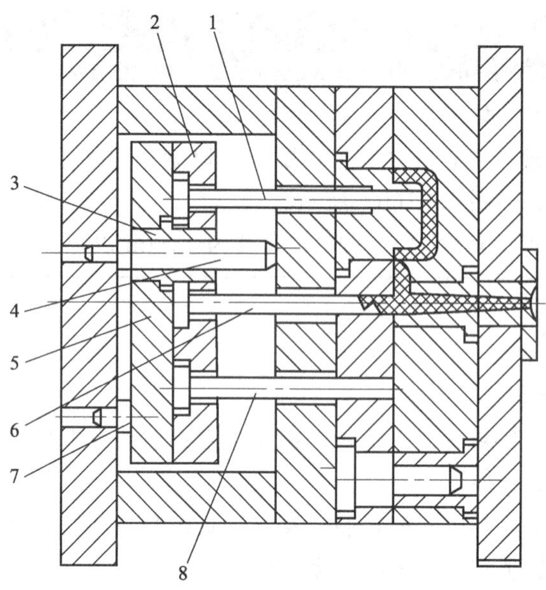

图 2.33　单分型面注塑模的推出机构

1—推杆；2—推杆固定板；3—推板导套；4—推板导柱；
5—推板；6—拉料杆；7—支承钉；8—复位杆

推出机构的设计原则

推出机构的结构类型虽然多样化，但必须遵守统一的设计原则。

推出机构的设计原则

- 应尽量使塑料制品留在动模一侧。
- 塑料制品在推出过程中不变形、不损坏、不影响外观质量。
- 合模时应使推出机构正确复位。
- 推出机构动作可靠。

2.6.2.2　典型推出机构的结构形式

在注塑模具设计和注塑生产中，最简单且最为广泛使用的是推杆推出机构、推管推出机构和推件板推出机构，这类简单推出机构称为常用推出机构。

简单推出机构又称为一次推出机构，它是指开模后在动模一侧用一次推出动作完成塑件的推出。

推杆推出机构

推杆推出机构是整个推出机构中最简单、最常见的一种形式，如图 2.34 所示。

因为推杆的截面形状可以根据塑料制品的情况而定，如圆形、矩形等。其中以圆形最为常用，其结构形式如图 2.35 所示。

推杆的特点是：结构简单，推出动作灵活可靠，损坏后便于更换，在生产中广泛应用。但推杆推出面积小，易变形、易顶穿塑料制品或使其变形，所以很少用于脱模斜度小和脱模阻力大的管类或箱类塑料制品。

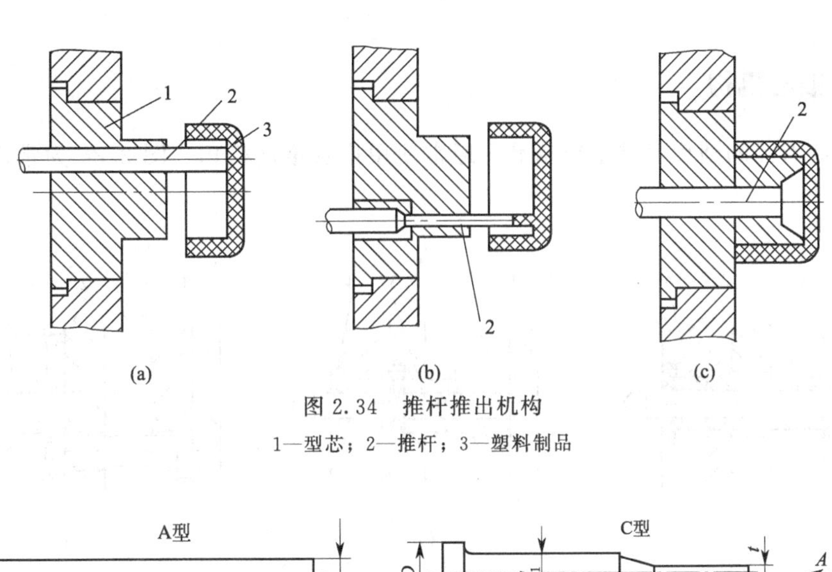

图 2.34 推杆推出机构

1—型芯；2—推杆；3—塑料制品

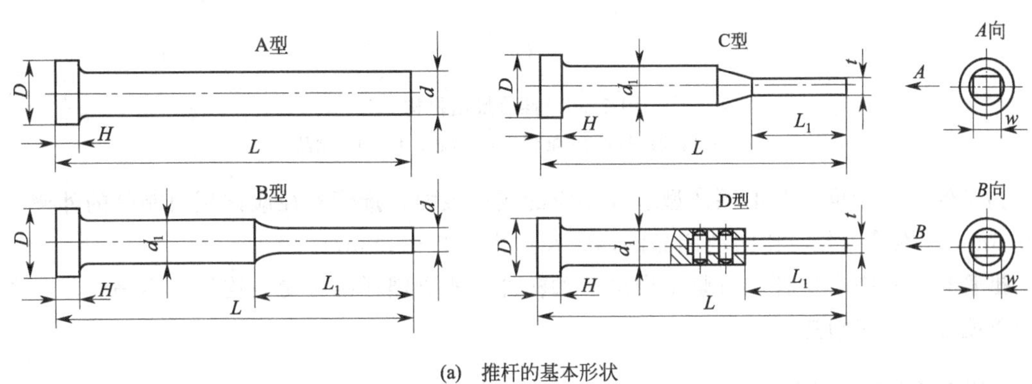

(a) 推杆的基本形状

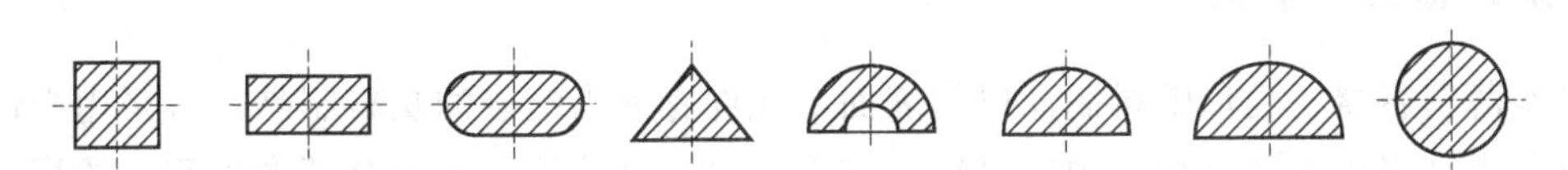

(b) 推杆的常用截面形状

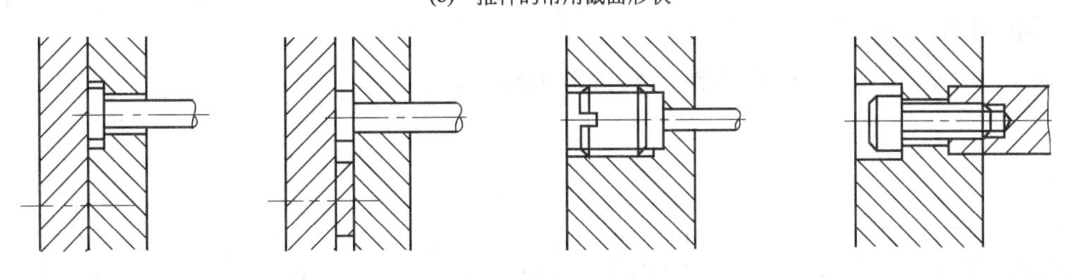

(c) 推杆的固定形式

图 2.35 推杆的结构形式

推杆的设计要点

- 推杆前端，原则上应高出于型腔表面 0.1～0.2mm，以免塑件上留有推杆突起痕迹。
- 推杆数量和直径的选择，依塑件具体情况而定。原则上宁多勿少，直径宁小勿大。
- 推杆与推杆孔之间的双边间隙，应能保证不溢料而又能排气。应不大于 0.03～0.05mm。
- 采用潜伏式进料口时，流道推杆端部可以略低于流道表面。

推管推出机构

对于中心有孔的圆形套类塑料制品，通常使用推管推出机构。图 2.36 为常用的推管推出机构。

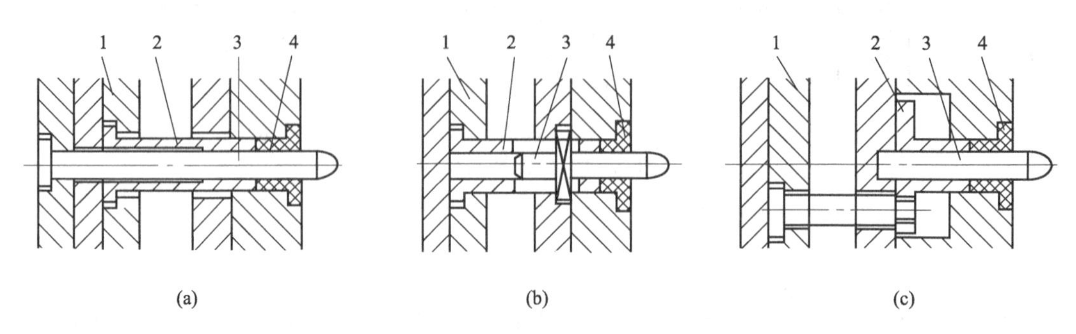

图 2.36 推管推出机构

1—推管固定板；2—推管；3—型芯；4—塑料制品

为了保证推管推出时不擦伤型芯及相应的成型表面，推管外径应比塑料制品的外壁尺寸小 0.5mm；推管内径应比塑料制品的内径每边大 0.2～0.5mm。

推管是一种空心推杆，故整个周边接触塑件，所以塑料制品受力均匀，不易变形，也不会留下明显的推出痕迹。

推件板推出机构

凡是薄壁容器、壳形塑料制品以及表面不允许有推出痕迹的塑料制品，可采用推件板推出，推件板推出机构又称顶板顶出机构，它由一块与型芯按一定配合精度相配合的模板和推杆所组成。推板推出的特点是顶出力均匀，运动平稳，推出力大。但对截面为非圆形的塑料制品，其配合部分加工比较困难。

图 2.37 所示为常用的推件板推出机构的结构形式。

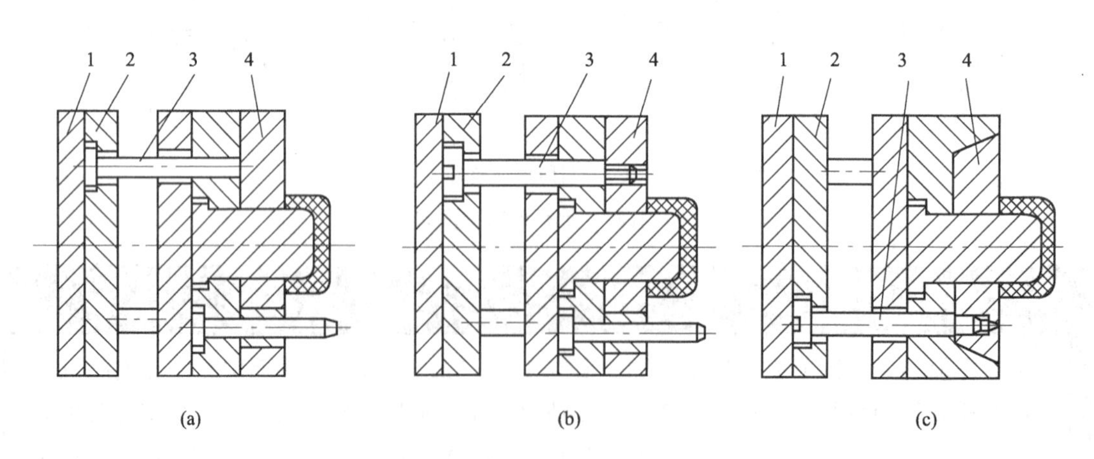

图 2.37 推件板推出机构

1—推板；2—推杆固定板；3—推杆；4—推件板

推件板设计注意要点：

- 减小推件板和型芯摩擦的结构，如图 2.38 所示。

推件板和型芯间留间隙 0.2～0.25mm，并采用 3°～5°的锥面配合。

- 大型深腔容器模具，要设置进气装置，如图 2.39 所示。

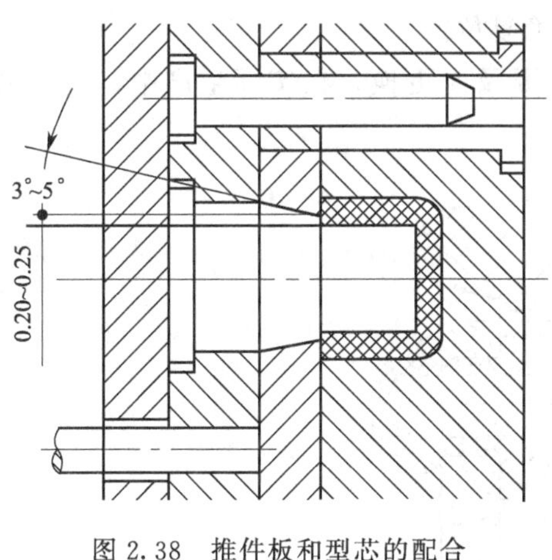

图 2.38 推件板和型芯的配合

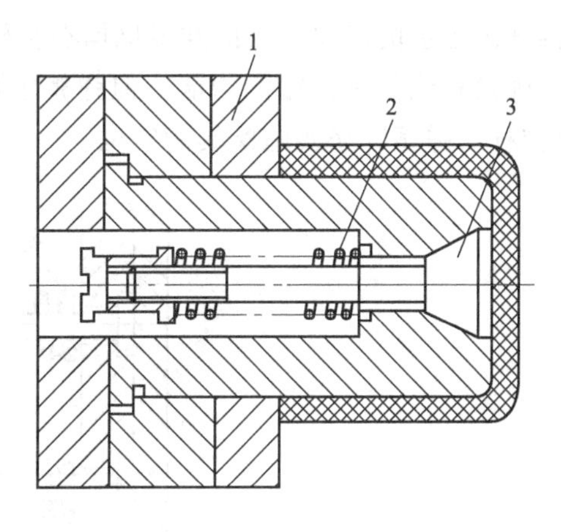

图 2.39 推件板推出机构进气装置

1—推件板；2—弹簧；3—阀杆

2.6.2.3 推出机构的导向与复位

推出机构的导向装置

大面积的推出板在推出过程中，为防止其歪斜和扭曲而造成推杆变形、折断或使推板与型芯间磨损，因此，必须在推出机构中设计导向装置。

如图 2.40 所示是推出机构的导向装置图。其中图 2.40(a) 和图 2.40(b) 中的导柱同时还起支承作用，提高支承板的刚度，适于大型注塑模；图 2.40(c) 中的导柱只起导向作用，不起支承作用，故适于小型模具。

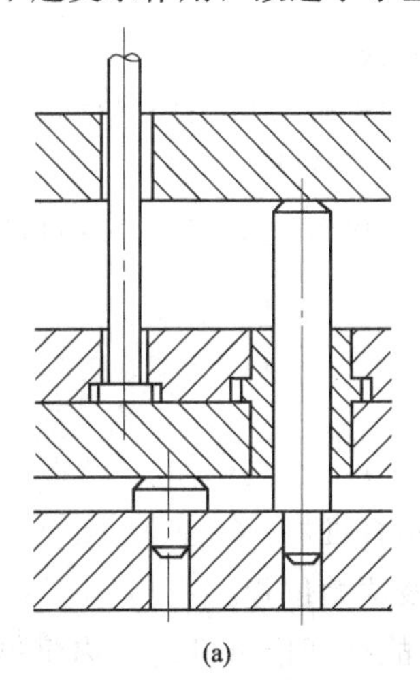

(a)

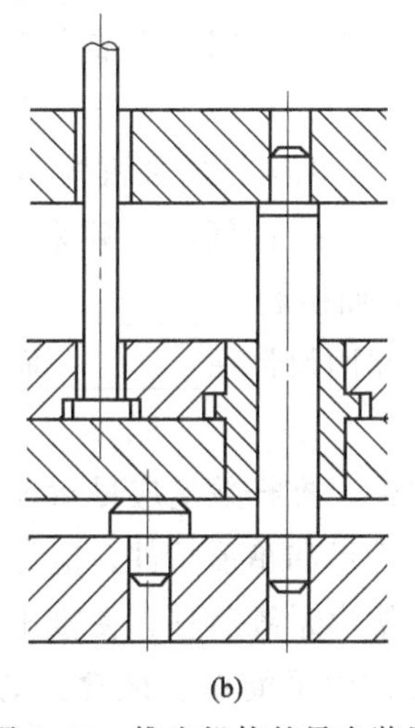

(b)

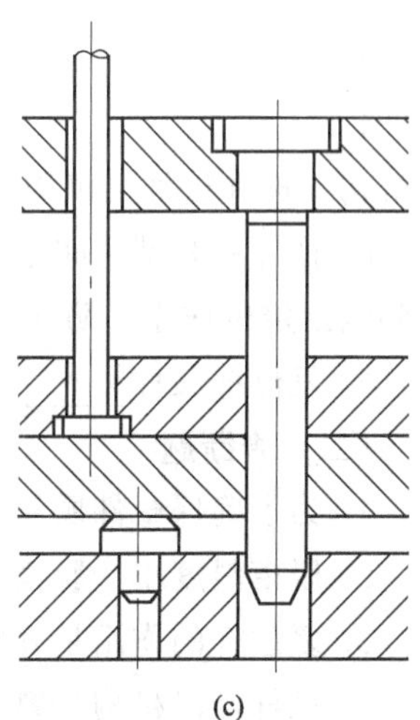

(c)

图 2.40 推出机构的导向装置

推出机构的复位装置

推出机构在开模推出塑料制品后，为下一次注塑成型做准备，还必须使推出机构复位，这就必须设计复位装置。

复位装置的类型有：复位杆复位装置（图 2.33）和弹簧复位装置（图 2.41）。

复位杆也称回程杆，通常复位杆为圆形截面，每副模具一般设置四根，其位置应对称设在推杆固定板的四周，以便推出机构在合模时能平稳复位。

弹簧复位具有先复位功能，但弹簧容易失效，要及时更换。在实际生产中，往往采用“复位杆＋弹簧”来实施模具的复位。

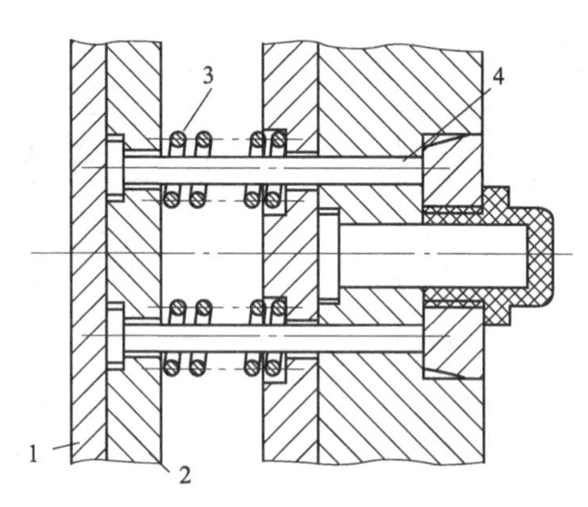

图 2.41 弹簧复位装置

1—推板；2—推杆固定板；3—弹簧；4—推杆

本小节内容的复习和深化

(一) 填空题

1. 模具的推出机构设置在________一侧，一般由________、________和________三大元件组成。

2. 在注射生产中，使用最为广泛的推出机构有：________、________以及________。

3. 对于________或________的塑件，可用推管推出机构进行脱模。

4. 对________、________、________以及不允许有推杆痕迹的塑件，可采用推件板推出机构。推件板推出机构又称________机构，这种机构不另设________机构。

5. 推件板和型芯间留有________mm 的间隙，并采用________度的锥面配合，其锥度起到辅助定位作用，防止推件板偏心而引起________。

6. 复位杆又称________杆，其端面设计在________面上。

(二) 判断题

1. 为了确保塑件质量与顺利脱模，推杆数量应尽量地多。(　　)

2. 脱模斜度小、脱模阻力大的管形和箱形塑件，应尽量选用推杆推出。(　　)

3. 复位杆的作用是开模时带动推出系统后移，使推出系统恢复原始位置。(　　)

4. 推杆推出机构是整个推出机构中最简单、最常见的形式，故推杆推出机构又称简单脱模机构。(　　)

（三）不定项选择题

1. 推出机构的动作通常是由安装在注射机上的（　　）来完成的。

A. 锁模装置　　B. 成型杆　　C. 顶杆　　D. 液压缸

2. 脱模机构设计原则是：（　　）。

A. 脱模时保证塑件不变形不损坏　　B. 不影响塑件外观

C. 推出的作用点尽可能远离型芯　　D. 开模时尽量使塑件留于动模一侧

3. 推出机构中的推杆推出机构，不宜用于（　　）塑件的模具。

A. 柱形　　B. 管形　　C. 箱形　　D. 形状复杂而脱模阻力大

4. 下列关于推板推出机构的描述正确的有：（　　）。

A. 推板的位置设置自由　　B. 适用于圆环形、圆筒形等中心带孔的塑件

C. 推板机构简单，成本低廉（与推杆相当）

D. 塑件推出时受力均匀、无变形、无推出痕迹

5. 推出机构中的推板推出机构，宜用于（　　）塑件的模具。

A. 薄壁容器　　B. 壳形　　C. 柱形　　D. 表面不允许有推痕

（四）问答题

1. 推出机构设计时应注意些什么问题？

2. 常用的简单推出机构有哪些？分别用在什么场合？

3. 合模导向机构的作用是什么？

4. 比较推杆推出机构、推管推出机构、推件板推出机构的特点、应用场合。

2.7 注塑模具的调温系统及排气系统

2.7.1 调温系统

模具的调温系统是指对模具进行冷却或加热的系统。

由于塑料制品是在模具内成型和冷却固化的，并且每种树脂要求的成型温度和玻璃化温度不同，所以，模具必须有温度调节系统。

一般的塑料都需在200℃左右的温度由注射机的喷嘴注射到注射模具内，熔体在60℃左右的模具内固化、脱模。因此，大部分热量由模具的冷却系统通过通入的冷却水带走，如PE、PP、PS、PA、ABS等。

对于成型温度较高（80～120℃）时，注塑模要设计加热系统，如PC、POM等。

对于小型薄壁塑件，且成型工艺要求模温不高时，可以不设置冷却装置而靠自然冷却。具体塑料的成型温度与模具温度查阅设计手册。

2.7.1.1 冷却系统的结构形式

在模具设计中，除了大型模具的预热和热固性塑料的注塑成型须考虑加热装置外，对于热塑性塑料的注塑成型，如聚乙烯、聚丙烯、聚苯乙烯、ABS等，模具温度一般低于80℃，只需考虑冷却装置。因此，本节仅介绍冷却系统。

冷却水道的形式是根据塑料制品的形状而设置的，塑料制品的形状多种多样，对于不同形状的塑件，冷却水道的位置与形状也不一样。冷却水路布置合理可以缩短成型周期、提高

生产效率；布置不合理会导致产品变形或开裂。

通常有凹模冷却回路和型芯冷却回路两种形式，如表 2.16 所示。

冷却水道布置的基本原则

- 冷却水道应尽量多、截面尺寸应尽量大。
- 冷却水道进出口应有利于缩小出入口冷却水的温差。
- 冷却水道应畅通无阻。
- 冷却水道布置应避开塑料制品易产生熔接痕的部位。

表 2.16　冷却回路的结构形式

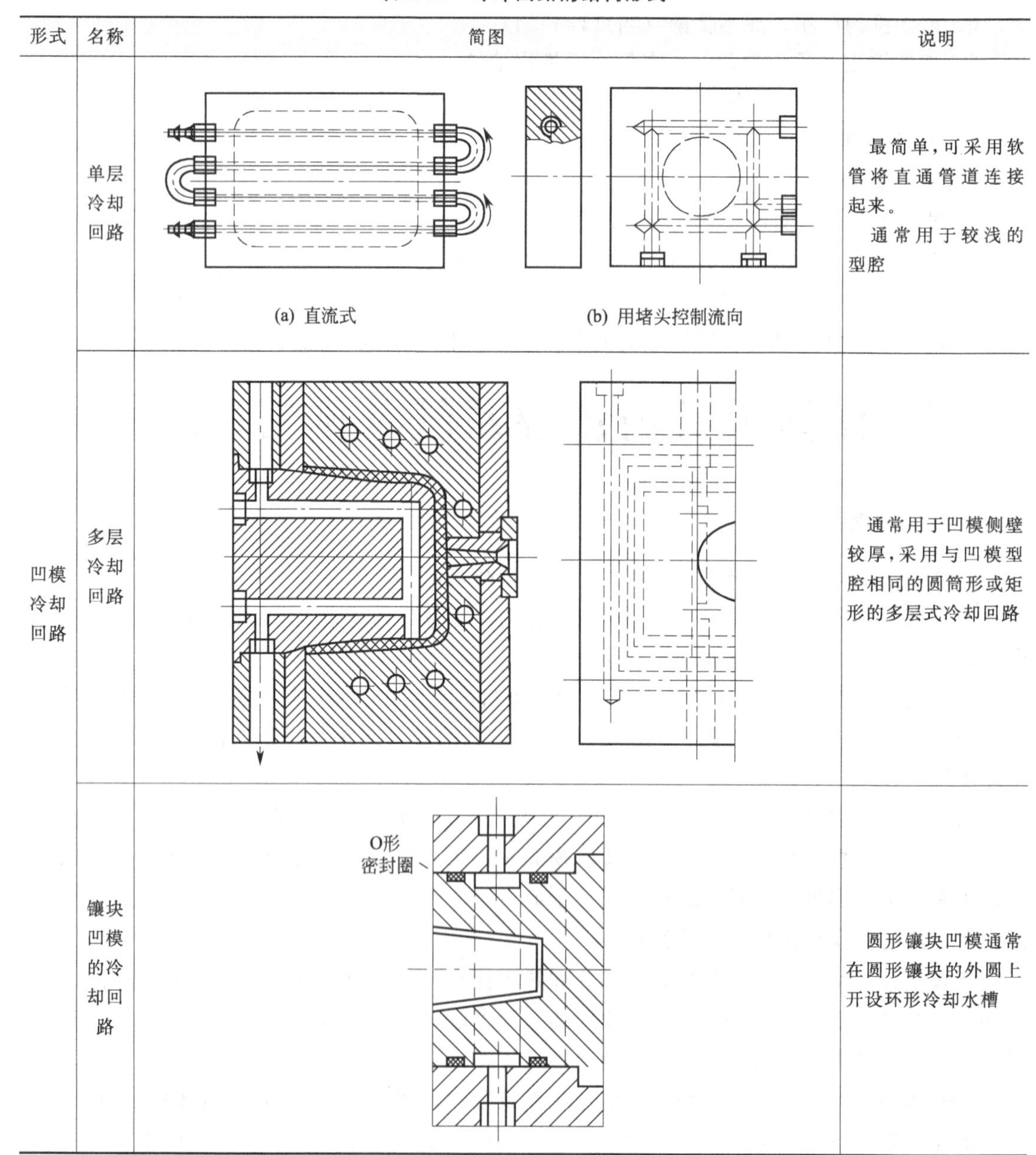

形式	名称	简图	说明
凹模冷却回路	单层冷却回路	(a) 直流式　(b) 用堵头控制流向	最简单，可采用软管将直通管道连接起来。 通常用于较浅的型腔
	多层冷却回路		通常用于凹模侧壁较厚，采用与凹模型腔相同的圆筒形或矩形的多层式冷却回路
	镶块凹模的冷却回路		圆形镶块凹模通常在圆形镶块的外圆上开设环形冷却水槽

续表

形式	名称	简图	说明
型芯冷却回路	衬套式冷却回路	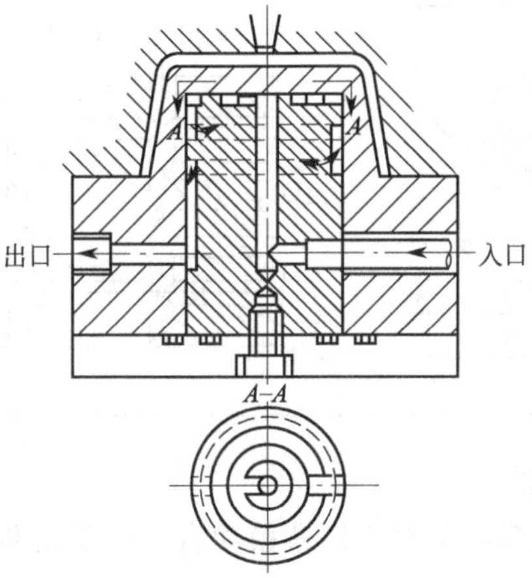 出口 入口 A A A–A	冷却水从型芯衬套的中间水道喷出，首先冷却温度较高的型芯顶部，最后从底部流出。冷却效果好，但模具结构复杂。 适用于大型型芯及型腔
	喷淋式冷却回路	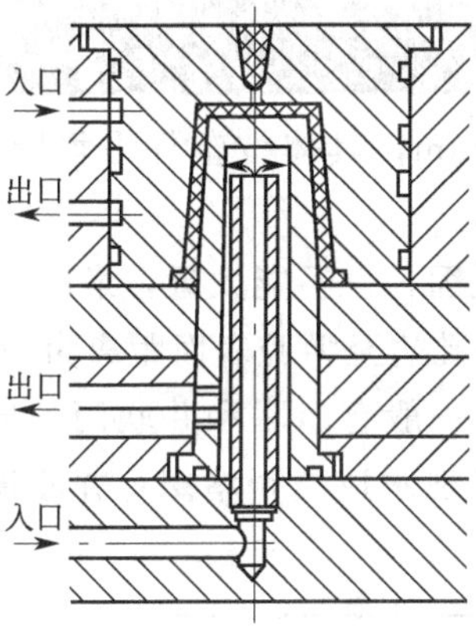 入口 出口 出口 入口	在型芯内用一芯管进冷却液，从管中喷出后，自其四周流出。对于中心浇口的单型腔模具，冷却效果好。 适用于高度大而直径小的型芯冷却
	隔板式冷却回路	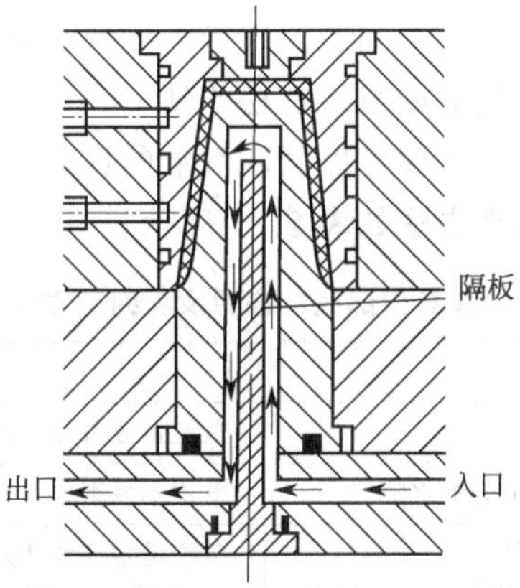 隔板 出口 入口	在直管道中设置隔板，采用与型芯底面相垂直的管道与底部的横向管道形成冷却回路

续表

形式	名称	简图	说明
型芯冷却回路	斜交叉管冷却回路	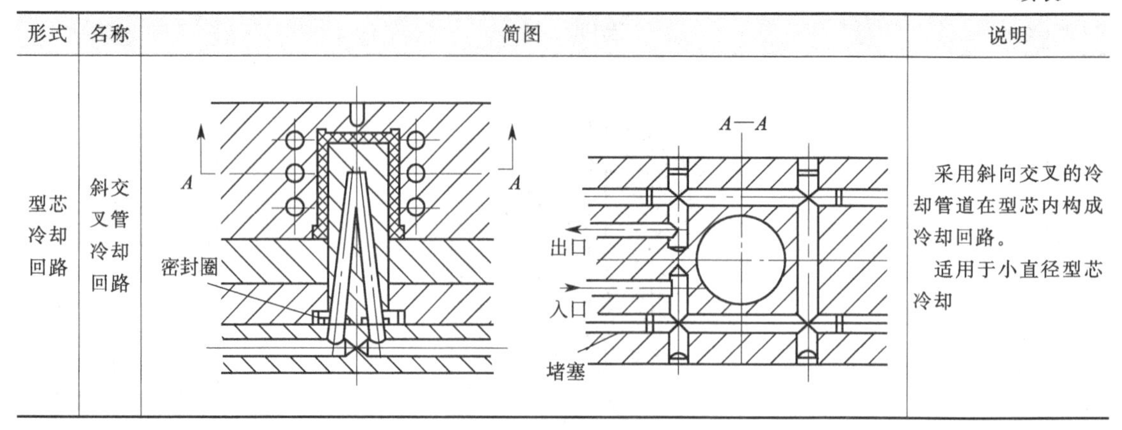	采用斜向交叉的冷却管道在型芯内构成冷却回路。 适用于小直径型芯冷却

2.7.1.2 冷却回路设计要点

冷却回路的设计计算方法很多，但对于注塑模而言，由于是断续工作，而且受人为因素影响较多，所以无须很精确地计算。最简便而有效的方法要考虑两方面：一是根据型腔几何形状安排冷却水道；二是根据已布置好的水道计算用水量。这里重点介绍冷却水道。

冷却水道的设计要点

- 水道孔径。孔径不能大于 14mm，具体按塑件平均壁厚来定，如平均壁厚为 2mm 时，水道孔径可取 10～12mm。
- 水孔位置。水孔间距离不可太远，也不能太近，最小允许间距为 $1.7d$（d 为冷水孔直径），最大为 $3d$；一般水道孔边至型腔表面距离为 10～15mm。
- 水道布置方式（见表 2.16）。一般有串联和并联两种形式：串联流程长，温度不均匀，流动阻力大，但能及时发现水道是否堵塞；并联流动阻力小，温度易均匀，但不易发现堵塞情况。

2.7.2 排气系统

模具的排气系统是指在注塑成型过程中，将模腔里的气体充分排出模具之外。

排气是注塑模具设计必须考虑的一个问题。因为若排气不良，将会导致塑料熔体充模不满、塑料烧焦、塑料制品内部产生气泡或组织疏松等缺陷。

从塑料制品上气泡的分布状况，不仅可以判断气泡的性质、气体的来源，而且可以据此判断模具的正确排气位置，具体判别方法如表 2.17 所示。

表 2.17 模具内部气体来源及其判别方法

序号	气体来源	判别方法
1	型腔和浇注系统中存在的空气	气泡常分布在与浇口相对的部位上
2	塑料中含有水分在高温下蒸发而成为的水蒸气	气泡不规则分布在整个塑件上
3	塑料在注塑温度下分解而出的气体	气泡沿塑件厚度方向分布
4	塑料中某些添加剂挥发或化学反应生成的气体	气泡沿塑件厚度方向分布

注塑过程中，模腔内的气体可通过配合间隙、开设排气槽、安装排气塞或利用真空泵强制吸气等方式来排气，常用的排气方式如表 2.18 所示。

表 2.18　常用的排气方式

类型	方式	简图	说明
间隙排气	分型面排气	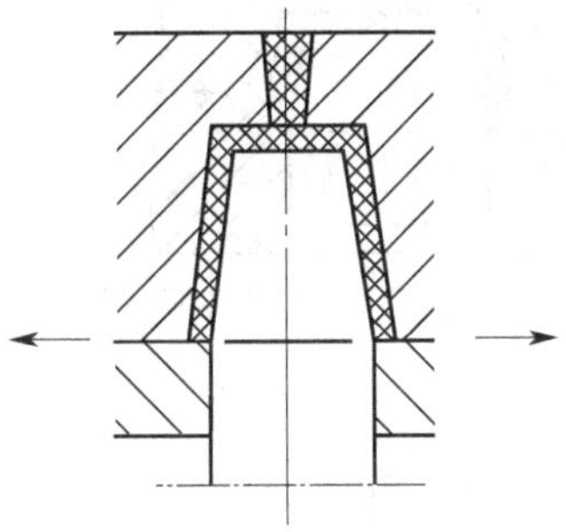	一般间隙值在 0.03～0.05mm 之间。 适合于排气量不大，较小塑料制品的简单型腔小型模具
	型芯与模板配合或运动间隙排气	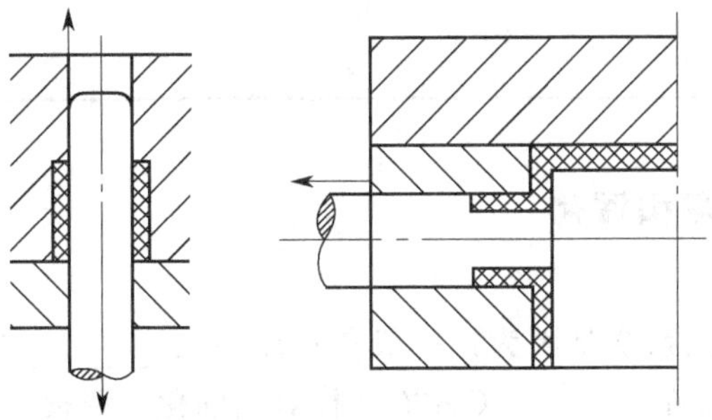 (a) 主型芯配合间隙　(b) 侧型芯运动间隙	
	推杆运动间隙排气	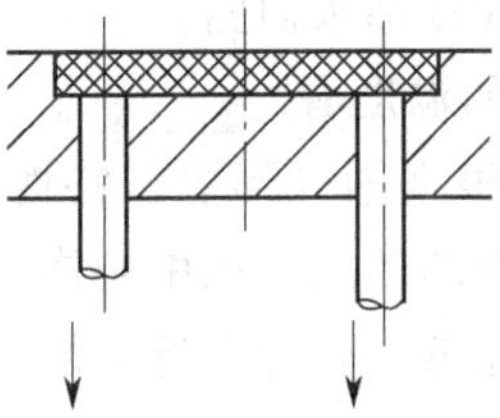	
排气槽排气	燕尾式排气槽	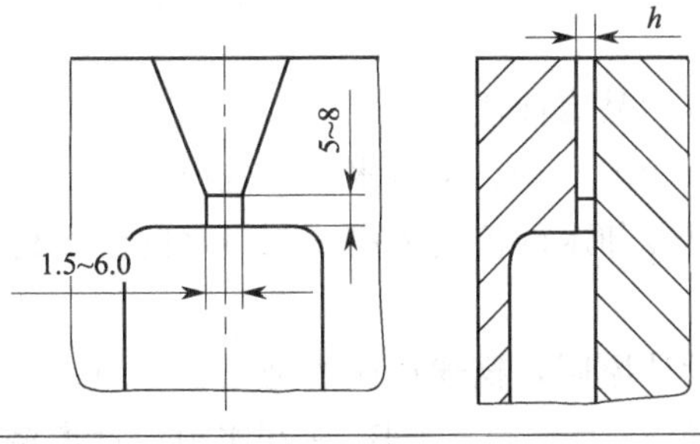 5~8　1.5~6.0　h	排气槽开设在型腔最后充填部位的分型面上，排气顺畅。槽深 h 小于 0.05mm，具体查阅设计手册。 适用于大型模具
	转弯式排气槽	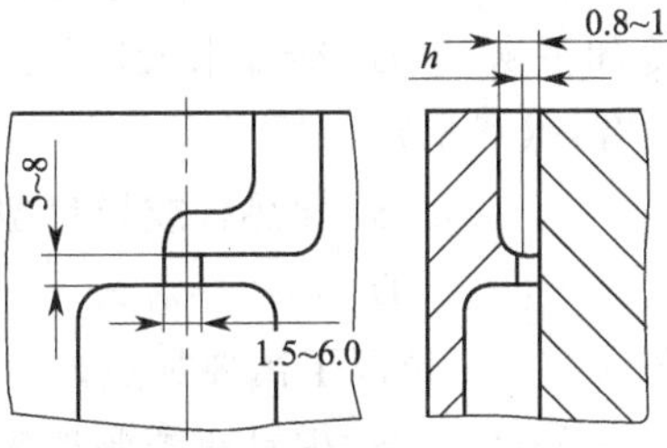 5~8　1.5~6.0　h　0.8~1.6	排气槽开设在型腔最后充填部位的分型面上，可以防止喷出伤人，也可降低动能损失，h 小于 0.05mm。 适用于大型模具

续表

类型	方式	简图	说明
排气塞排气	排气塞排气		排气塞由烧结金属块制成，应在模具中开孔，以便排气塞内气体的排出。 适于无法用上述两类方法排气的模具
强制性排气	真空泵吸气排气	略	利用真空泵吸出模具型腔内滞留的气体。因为吸气时会在塑件上留下痕迹，故吸气口应设在塑料制品的内侧。 适用于大型、复杂或加热易放出热量的塑料

本小节内容的复习和深化

（一）填空题

1. 注塑模之所以要调温系统是因为：一般塑料需要在________℃左右的温度由注射机的喷嘴注射到模具内，熔胶在________℃左右在模具内固化、脱模。

2. 冷却水回路布置的常见类型有：________、________、________和________等。如果是大型型腔或型芯可选用________式冷却水回路。

3. 在注塑成型过程中，需要控制的温度有________、________和________三种温度。

4. 注塑模具冷却回路排列方式应根据塑件形状、特性及其对模具温度的要求而定。对收缩率大的塑料，应沿________设置冷却回路；用中心浇口注射成型四方形塑件，采用________、________的螺旋式回路。冷却通道应避免靠近可能产生________的部位。

5. 注塑成型时，模具的排气方式主要有：________、________、________等。

（二）判断题

1. 降低模具温度能够改善制品表面质量。（　　）

2. 冷却回路应有利于减小冷却水进、出口水温的差值。（　　）

3. 为了提高生产率，模具冷却水的流速要高，入口水的温度越低越好。（　　）

（三）不定项选择题

1. 下列有关冷却系统的设计原则，描述错误的是：（　　）。

A. 冷却水道尽量避免干涉　　B. 冷却水道应远离浇口

C. 动、定模分别冷却，保持冷却平衡　　D. 冷却水入口与出口的温差不能太小

2. 小型芯可以采用的冷却方式有：（　　）。

A. 空气冷却　　B. 导热杆或导热型芯式

C. 喷流式　　D. 隔片导流式

3. 热塑性塑料注塑成型时，在（　　）情况下需要加热。

A. 对于大型模具的预热　　B. 模具有需要加热的局部区域

C. 要求模温在80℃以上的塑料成型　　D. 热流道模具的局部加热

4. 排气槽应尽量设在（　　）。

A. 料流的终点　　B. 塑件较厚的成型部位

C. 凸模的一面　　D. 在分型面上

5. 以下冷却水道的布置，（　　）情况合理。

A. 沿型腔短边方向钻冷却水道孔　　B. 靠浇口位置作为冷却水入口

C. 不要在塑件易产生熔接痕的部位布置冷却水道

D. 以上全对

（四）问答题

1. 在注塑模具中，模具温度调节的作用是什么？

2. 为什么要设排气系统？常见的排气方式有哪些？

3. 冷却水路布置的基本原则是什么？

2.8　注塑成型机及注塑模具标准模架

2.8.1　注塑成型机

注塑成型机（注射机）是利用注塑模具将热塑性塑料或热固性塑料制成塑料制品的设备。

注塑机的功用是将塑料原料转变成最后的成型品，并在每一步中完成熔融、注塑、保压及冷却一个循环。

加料→塑化→加压注射→保压→倒流阶段→冷却定型阶段→脱模

注射机按其外形可分为立式、卧式、直角式三种，如图2.42所示为最常用的卧式螺杆式注射机。

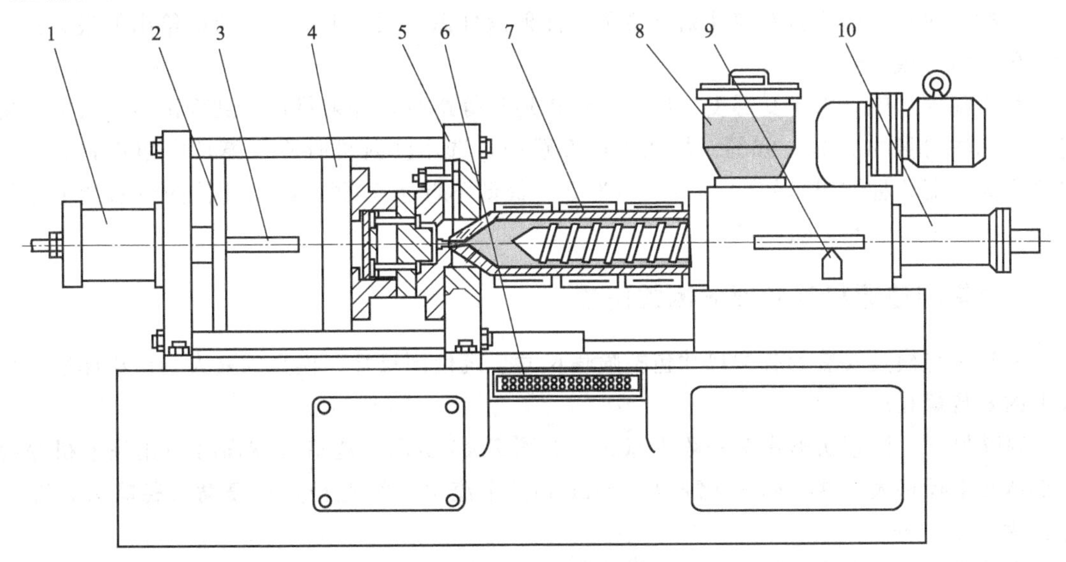

图2.42　卧式注射机

1—锁模液压缸；2—锁模机构；3—顶杆；4—移动模板；5—固定模板；6—控制台；7—料筒及加热器；8—料斗；9——定量供料装置；10—注射机液压缸

2.8.1.1 注塑机的结构组成

一般注塑成型机主要包括注塑系统、液压系统、模具系统、锁模系统及控制系统五大部分。

- 注塑系统。对塑料进行加热、塑化、注射、保压。一般由料斗、料筒、储料、加热圈、喷嘴等部分组成。
- 液压系统。为开合模、锁模、顶出杆的顶出、螺杆的旋转及螺杆的推进提供动力。
- 模具系统。模具系统是模具安装板及成型模具的组合。
- 锁模系统。开合模具，锁紧模内熔融材料的外胀力。
- 控制系统。监控及保持注塑过程各技术参数，如温度、压力、射速、螺杆转速等。

2.8.1.2 注塑机的基本参数

描述注塑机性能的基本参数有公称注射量、注射压力、注射速度、塑化能力、锁模力、合模装置基本尺寸等。

型号规格

反映注射机工作能力的主要参数是公称注射量和锁模力。因此，常用公称注射容积数量和锁模力大小来表示注射机的型号规格。

国产注射机型号 XS-ZY-125/90 表示意思

- X 表示成型机。
- S 表示塑料。
- Z 表示注射。
- Y 表示预塑。
- 125 表示公称注射量为 125cm^3。
- 90 表示最大锁模力为 90×10kN。

公称注射量

公称注射量是指机器对空注射条件下，注射螺杆做一次注射行程时所能给出的最大注出量，单位为 g 或 cm^3。

在实际生产中，由于受温度、压力、熔体逆流等影响，注射量达不到理论值。实际注射量为公称注射量的 70%～90%。故在生产实践中，选用注射机时应使模具中塑料制品用料量之和为机器公称注射量的 25%～75%为好，最低不低于 10%，超出此范围机器能力不能发挥，或者塑料制品质量降低。

模具与注塑机安装部分相关尺寸

注塑机与模具安装的有关尺寸包括喷嘴尺寸、定位圈尺寸、模具的最大和最小厚度、模板上的安装螺孔尺寸等。

喷嘴尺寸：注塑机喷嘴头一般为球面，如图 2.43 所示。浇口套球面必须比注塑机喷嘴头部球面半径略大一些，即 R 比 r 大 1～2mm；主流道小端直径要比喷嘴直径略大，即 D 比 d 大 0.5～1mm。

定位圈尺寸：定位圈是为了保证模具的主流道中心与注塑机喷嘴中心相重合，一般模具的定位圈外径尺寸必须与注塑机定位孔尺寸采用间隙配合。通常定位圈外径尺寸比注射机固定板上定位孔尺寸小 0.2mm 以下；定位圈高度尺寸对于小型模具为 8～10mm，大型模具为

10～15mm。

螺孔尺寸：注塑模具的动模板、定模板应分别与注塑机动模板、定模板上的螺孔相适应。模具在注塑机上的安装方法有螺栓固定和压板固定，如图 2.44 所示。压板固定具有较大灵活性，应用比较普遍；大型模具，则用螺钉直接固定更为安全。

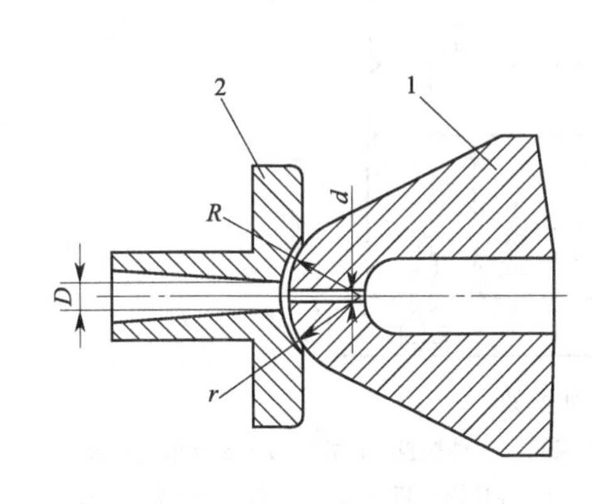

图 2.43　浇口套与注塑机喷嘴的配合

1—注塑机喷嘴；2—浇口套

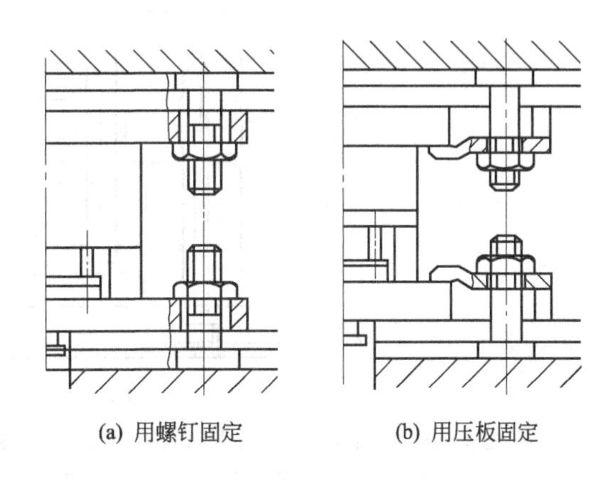

图 2.44　模具的固定

其他参数具体查阅设计手册。

2.8.2　标准模架

标准模架是指注塑模具的支承零件，通常由定模部分、动模部分、导向部分及连接固定部分组成。

2.8.2.1　标准模架的结构

根据各组成部分的不同，注塑模标准模架分为二板模系列模架（企业中也称为大水口系列模架）和三板模系列模架（企业中也称为细水口系列模架）两大类。

二板模系列模架

所谓二板模系列模架是指浇注系统的浇口是采用大尺寸直浇口的模架，如图 2.45 所示。这类模架根据结构特征和功能的不同又分为四种不同的型号。

- A 型（有托板、无推板）。这种类型的模架中动模采用两块模板，在 B 板下面加有托板，如图 2.46(a) 所示。此类模架适用于 B 板是开通槽的精密模具。
- B 型（有推板和托板）。这种类型的模架中动模采用三块模板，在 B 板上面加有推件板脱模机构，下面加有托板，如图 2.46(b) 所示。此类模架适用于薄壁壳体类制品的成型，以及锁模力大、制品表面不允许留有顶出痕迹并且 B 板是开通槽的透明类制品的模具。
- C 型（无推板和托板）。这种类型的模架中动模和定模均没有采用任何加强板，如图 2.46(c) 所示。这类模架在二板模系列模架中应用最广泛。
- D 型（有推板、无托板）。这种类型的模架中动模采用两块模板，在 B 板上面加有推板，如图 2.46(d) 所示。其应用范围与 B 型模架基本相似。

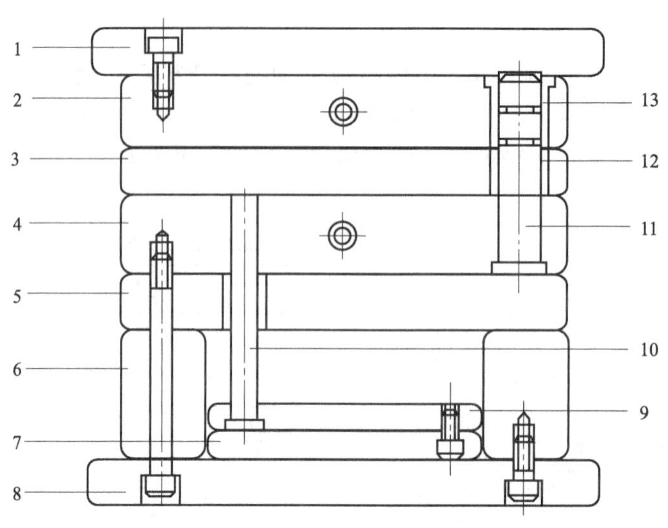

图 2.45　二板模系列模架

1—定模座板（上底板）；2—定模板（A 板）；3—推件板（推板）；4—动模板（B 板）；5—支承板（托板）；6—支撑块；7—推板（推杆底板）；8—动模座板（下底板）；9—推杆固定板（推杆面板）；10—复位杆；11—导柱；12—直导套；13—有托导套

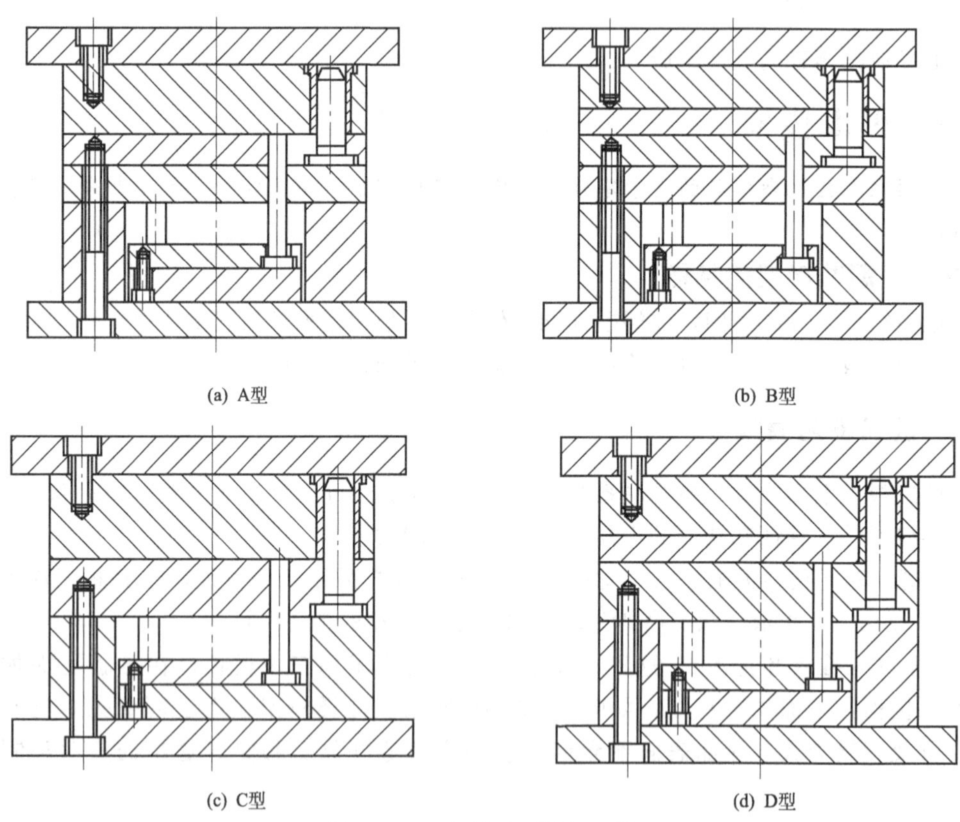

(a) A型　(b) B型

(c) C型　(d) D型

图 2.46　二板模系列模架型号

三板模系列模架

所谓三板模系列模架是指主流道及塑料制品分别顶出的模架，又称为细水口模，如图

2.47 所示。这类模架根据有无水口推板的特点又分为 D 型三板模及 E 型三板模两个系列共 8 种不同型号，如表 2.19 所示。

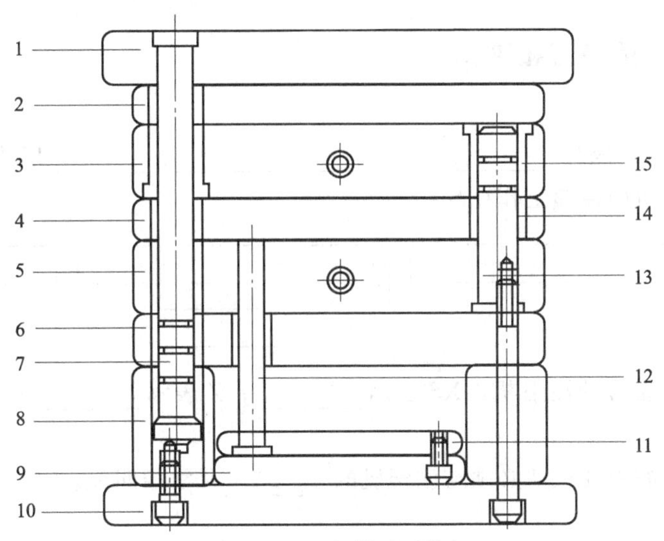

图 2.47　三板模系列模架

1—上底板；2—水口推板；3—A 板；4—推板；5—B 板；6—托板；7—拉杆；8—支撑块；9—推杆底板；10—下底板；11—推杆面板；12—复位杆；13—导柱；14—直导套；15—有托导套

表 2.19　三板模系列模架型号

系列	型号	说明
有水口推板 (D 型三板模)	DA 型 (有托板、无推板)	这类模架除了带有推主流道的水口板以外，还在动模部分带有托板。适用于 B 板是开通槽而且是点入水的精密模具
	DB 型 (有托板和推板)	这类模架除了具备 DA 型模架特点外，还在动模部分多了一块推板。适于薄壁壳体类和表面不允许留有顶出痕迹的塑料制品的模具
	DC 型 (无托板和推板)	这类模架中除了带有水口板外，动模和定模均没有采用任何加强板。此类型为三板模中最常用的模架
	DD 型 (无托板、有推板)	这类模架中在动模部分加有推板，其特点与 DB 型模架基本相似
无水口推板 (E 型三板模)	EA 型 (有托板、无推板)	这类型模架中动模带有托板，其特点与 DA 型模架基本相似
	EB 型 (有托板和推板)	这类型模架中动模带有托板及推板，其特点与 DB 型模架基本相似
	EC 型 (无托板和推板)	这类型模架近似大水口系列的 C 型模架，但其中最大区别在上模板与 A 板没有螺钉连接。适用于大水口模具中前模设置滑块的模具
	ED 型 (无托板、有推板)	这类模架中在动模部分加有推板，其特点与 EB 型模架基本相似

2.8.2.2　注塑模模架的选用

在设计模具时应正确选用标准模架，以节省制模时间并保证模具质量。选用标准模架时一般依照以下流程。

① 根据塑料制品要求，确定制品类型、尺寸范围（型腔投影面积和周界尺寸）、浇口位置以及模具的型腔数目，并选定注塑机的型号及规格。

② 确定模具分型面、浇口的结构形式、脱模和抽芯方式与结构，根据模具结构类型和尺寸组合系列来选定所需标准模架。

③ 核算所选定的模架在注塑机上的安装尺寸及型腔的力学性能等，保证注塑机和模具相互协调。

本小节内容的复习和深化

（一）填空题

1. 注射机的基本组成有：________、________、________、________以及液压系统五部分。

2. 螺杆式注射机的模塑工作循环：

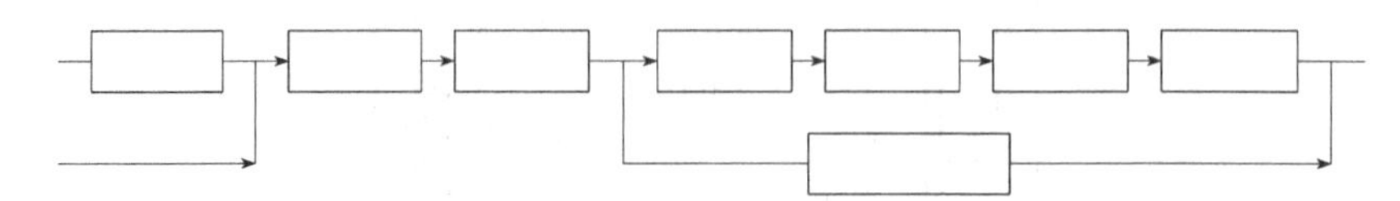

3. XS-ZY-125 型号的注射机，XS 表示________；Z 表示________；Y 表示________；而 125 表示________。

4. 模具定位圈的外径尺寸必须与注塑机的________尺寸相匹配。

（二）结构题

1. 图 2.48 标准模架型号：________。

2. 填上图 2.48 标准模架各组成零件名称。

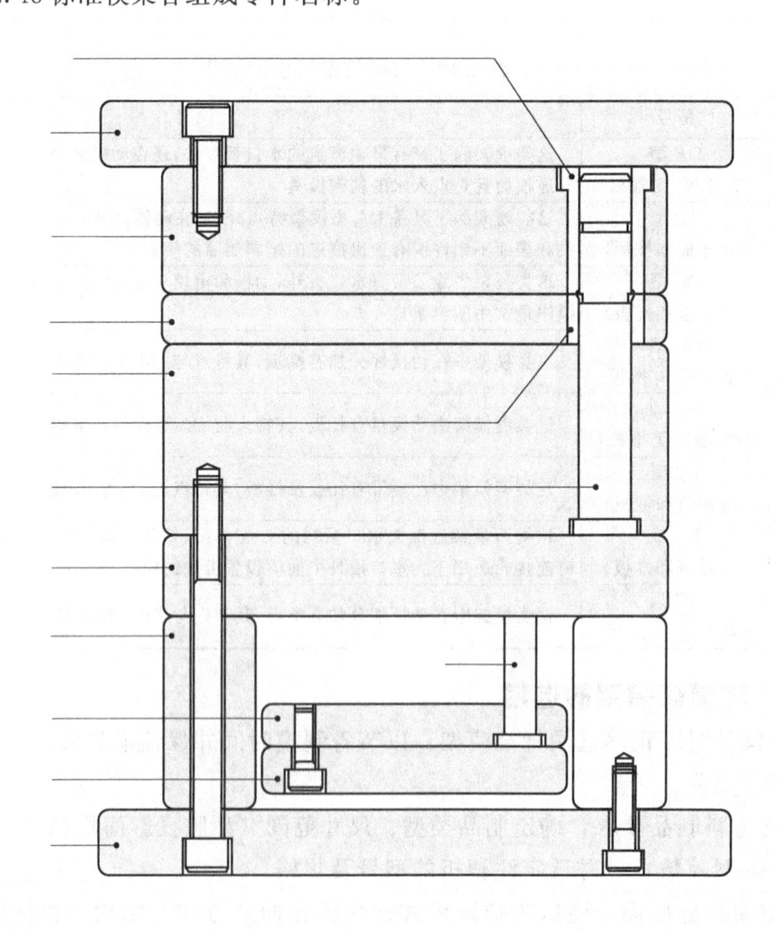

图 2.48　标准模架

(三) 问答题

1. 注塑模的定位圈起什么作用?

2. 注塑成型机的基本组成及功能是什么?分析卧式螺杆注塑机的工作过程。

3. 按模架的结构特征,标准模架可分为哪几类?

4. 如何选用标准模架?

3 注塑模具的拆装

模具的拆装是模具制造及维护过程中的重要环节。在训练中，通过拆装可以帮助我们增加对模具内部构造的感性认识，培养我们的实践动手能力；在模具制造岗位中更是我们必须掌握的基本技能。模具的拆装作用主要体现在装配和维修两个方面。

- 模具都是各种零件通过装配后得到的。

由于设计与加工水平的制约，模具往往不能一次装配成功，因此，在加工非标准零件时，常常留有装配余量可以通过钳工反复修配，最终达到理想的装配效果。

- 模具的维修和维护需要对其进行拆装。

例如，型腔表面的清洗、防锈处理；易损件适时的更换；零件局部损伤的修复等工作，都必须通过拆装过程来完成。

在拆装之前，先要把场地、工作台、吊装工具和拆装工具准备好。

3.1 吊装及拆装工具

3.1.1 场地及吊装工具

模具拆装之前要选择好场地，配备好工作台、吊装工具等配件，具体如表 3.1 所示。

表 3.1 场地及吊装工具

工具名称	图示	说明
工作台		用于模具拆装。要求平整、洁净

续表

工具名称		图示	说明
吊装工具	钢丝绳		用于吊动、拉动模具。多选交互捻的钢丝,要求耐磨性、挠性好
	吊环螺钉		配合起重机,用于吊装模具、设备等重物。 安装时要旋紧,保证吊环台阶平面与模具零件表面贴合
	手拉葫芦		供手动提升重物,是简单、便携式起重机械。适用于中小型模具的吊装。 大型模具的吊装需要用电动葫芦

3.1.2 常用的拆装工具

拆装模具时常用的拆装工具主要有扳手类、螺钉旋具类、手钳类以及手锤、铜棒等其他类常用工具，各类工具又分为很多种，表 3.2 简要介绍常用的一些拆装工具。

表 3.2 常用拆装工具

工具名称		图示	说明
扳手类	内六角扳手		专门用于拆装标准内六角螺钉。 分为普通级和增强级,其中增强级用 R 表示
	呆扳手及活扳手		用于紧固或拆卸外六头或方头螺栓、螺母。 此外还有梅花扳手。呆扳手和梅花扳手的开口宽度为固定值,使用时不用调整,效率高
手钳类			用于夹持或弯折金属薄片、细圆柱形件,切断细金属丝等。 此外,还有尖嘴钳、扁嘴钳、弯嘴钳、管子钳等各类手钳

续表

工具名称		图示	说明
螺钉旋具类			俗称螺丝刀或起子，常用的有一字槽和十字槽。用于紧固或拆卸各种标准的一字槽螺钉和十字槽螺钉
其他常用工具	铜棒及橡胶锤	(a) 铜棒　(b) 橡胶锤	用于敲击模具零件，不损伤零件表面
	铁锤		用于一般锤击
	撬杠	普通撬杠	模具维修或保养时，用于模具开模。常用有通用撬杠和钩头撬杠两种，使用时应保证模具零件表面不被撬坏
	拔销器	拔头：拔杆　打锤	工作时先将拔头装到拔杆上，旋入带螺孔销钉中，一手握住拔杆最低处，一手握住打锤反复冲击即可取出销钉

本小节内容的复习和深化

1. 常用的模具吊装工具有哪些？
2. 为何模具要进行拆装？模具拆装的常用工具有哪些？
3. 在拆卸模具时，当配合太紧时为何不能直接用铁锤敲打？要用什么工具才合适？

3.2 注塑模具的拆装

3.2.1 模具拆装要点

模具拆装时的注意事项

- 拆装前要仔细了解整套模具。看清总装图，明白零部件间装配关系和紧固方法。
- 所有成型件、结构件、标准件和通用件在装配前必须检验确认合格才能进行装配。

● 拆装前后所有零部件均应经过清洗、擦干。有配合要求的，装配时要涂适量润滑油；拆出零件要分类，及时放入专门盛放零件的容器中。

● 拆装过程中切忌损坏模具零件。不允许用铁锤直接敲打模具零件，应用铜棒或木质榔头；敲打时用力要平稳，防止装配件被卡死。

● 装配时要遵循先定位后紧固原则。有定位销的零件要先安装好定位销之后再拧紧螺钉。

● 正确使用工具，使用完毕后需放置指定位置。

常见模具零件的拆装

表 3.3 所列的是模具典型零件的拆装方法、常用工具和应注意的地方。

表 3.3　模具常见零件的拆装

零件名称	图示	常用拆装工具	拆装注意事项
内六角螺钉		内六角扳手；套筒等	● 螺钉要拧得足够紧，套筒延长的长度要适当
定位销		铜棒；榔头；拔销器；管子钳等	● 定位销一般为过渡配合。装销钉时，直接由榔头敲打需加铜板在定位销之上 ● 卸销时可用比销钉细的铜棒顶住销头用榔头敲打 ● 有螺纹定位销盲孔的要用拔销器
定位圈		铜棒	● 一般为间隙配合。安装时如孔位对不准，需要用铜棒将孔位敲正
浇口套		铜棒	● 浇口套前端一般为过渡配合或做成锥面。敲打时注意用力平稳，防止卡死
水路接头		活扳手；内六角扳手；密封带等	● 安装前要检查螺牙高度是否足够，管螺纹是否标准 ● 拧紧力不可过大，防止管螺纹拧坏，并要检查是否漏水
密封圈		手工	● 密封圈为橡胶制品，易破损。安装时要确定好型号，检查密封圈安装位置是否有尖角和异物

续表

零件名称	图示	常用拆装工具	拆装注意事项
导套导柱		铜棒	● 安装前先对安装孔进行检查和清理，不可有毛刺和异物 ● 安装时在导柱、导套外侧加润滑油 ● 安装时导柱、导套不可倾斜
顶钉		铜棒	● 检查顶针及顶针孔，编号 ● 顶针的安装原则是自由插入顶针孔，用铜棒敲打时用力要适当 ● 较小模具，可将顶针先固定在顶针固定板上后同时装入动模板
型芯、型腔		吊环螺钉； 钢丝绳； 铜棒； 行车等	● 安装时注意平稳，不要让模板单侧受力，用螺钉紧固时不可一颗螺钉一拧到底 ● 型芯、型腔装入模框需要敲打时，不可直接敲打分型面或成型面
模板		吊环螺钉； 钢丝绳； 铜棒； 行车等	● 安装时注意平稳，不要让模板单侧受力，用螺钉紧固时不可一颗螺钉一拧到底再拧下一颗

3.2.2 注塑模具的拆卸

模具拆卸注意事项

- 用手或起重设备托住模具的一部分（如注塑模的定模部分）。
- 用木锤或铜棒轻敲模具的另一部分（如注塑模的动模部分）的座板，使模具分开。
- 用铜棒顶住销钉，用手锤将销钉卸除，再用内六角扳手卸下紧固螺钉和其它紧固零件。
- 将拆卸下的零件放在指定的地方或容器中，以防生锈或遗失。
- 拆卸时，决不可碰伤模具工作零件的表面。

模具拆卸一般原则

- 按模具具体结构预先考虑好拆卸顺序。
- 拆卸顺序一般原则：先拆外部附件，再拆主体部分；由外而内、由上而下依次拆卸组合件。
- 严禁用钢锤直接敲打零件工作表面，保证不损伤零件。
- 拆卸时，易移位、无定位、有安装方向要求的零件要做好相应标记。
- 精密零件（如型芯、型腔）应单独存放。
- 拆下零件应尽快清洗，涂上防锈油，以免生锈。

注塑模具的拆卸实例

注塑模具的拆卸顺序一般是先分开模具的动模部分与定模部分，然后遵循上面描述的拆卸原则、拆卸注意事项，分别拆卸定模部分和动模部分，并按类别排列好零件。具体拆卸步骤如表 3.4 所示。

表 3.4　注塑模具拆卸实例

步骤		结构形式	拆卸说明
1	动模部分、定模部分分开	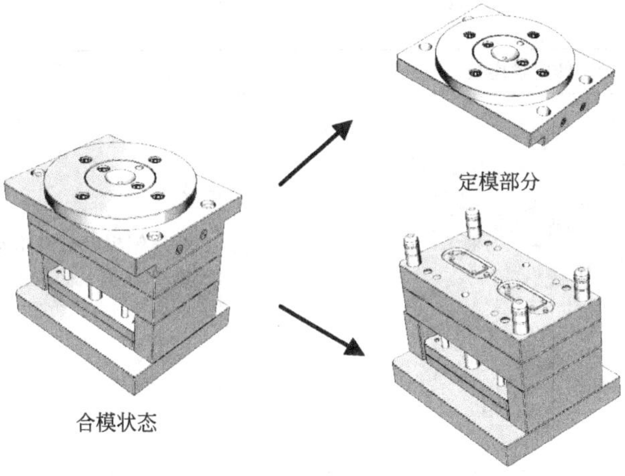 合模状态 定模部分 动模部分	● 将模具平放于工作台上，用手或起重设备托住定模部分，然后用力上提即可使动、定模部分分离，或用铜棒轻敲动模部分，让其分离
2	拆卸定模部分	(1)拆卸定位销及紧固螺钉 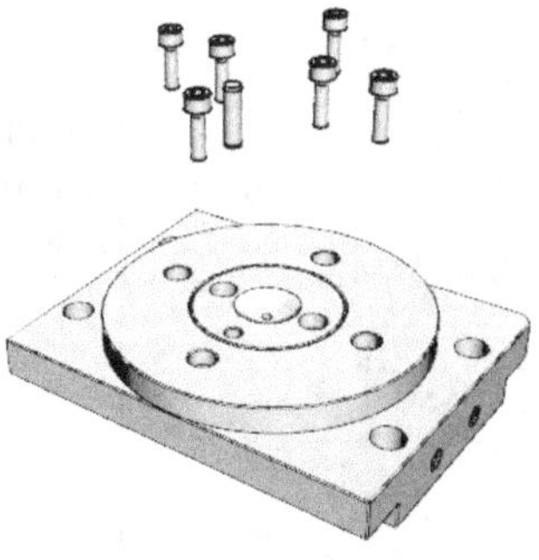	● 用内六角扳手旋出浇口套固定螺钉 2 颗，定位圈紧固螺钉 4 颗 ● 用铜棒、铜板敲出定位销 1 根

续表

步骤		结构形式	拆卸说明
2	拆卸定模部分	(2)拆卸定位圈、浇口套 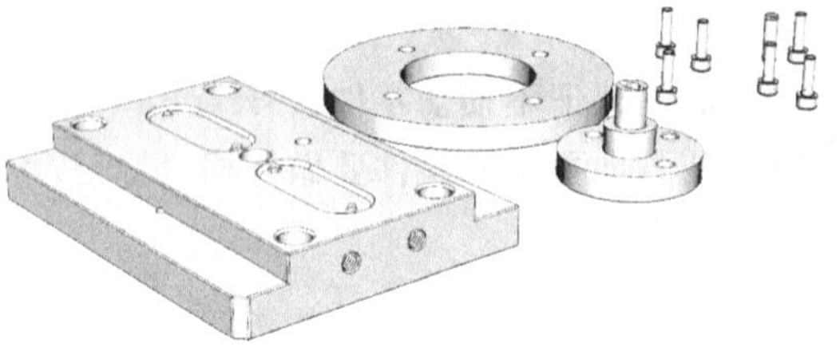	●用铜棒、铜板轻轻敲击，从定模板(定模座板)上卸下定位圈、浇口套 ●本例定模座板与定模板为整体式，若是组合式则要将定模座板从定模板上卸下
3	拆卸动模部分	(1)拆卸动模座板上螺钉 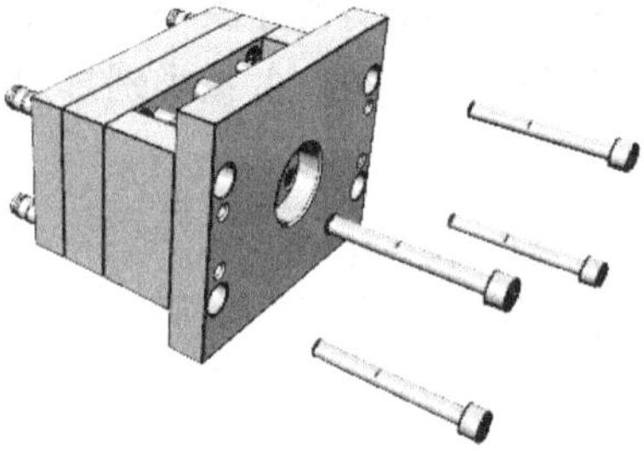	●用内六角扳手旋出动模座板上固定螺钉4颗
		(2)拆卸定模座板 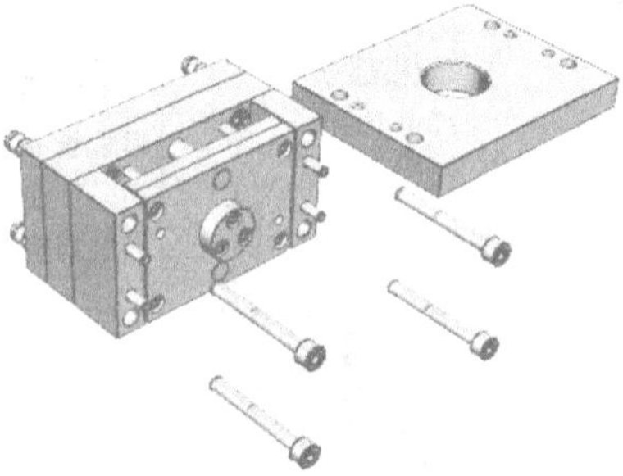	●用铜棒轻轻敲击动模座板，并借助撬杠，使其从垫铁上卸下
		(3)拆卸顶出机构部分 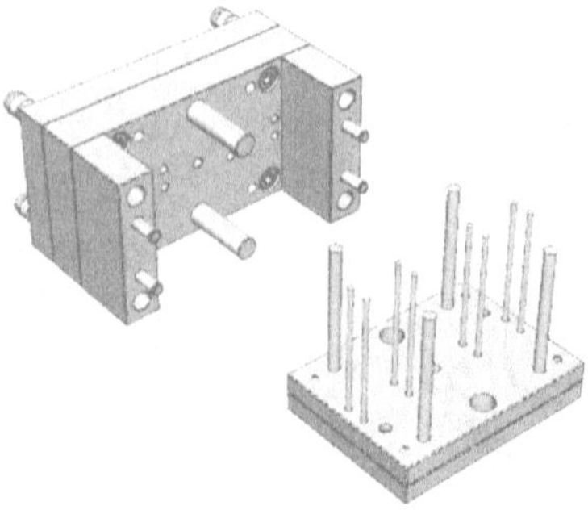	●用铜棒、铜板轻轻敲击顶出机构，并借助撬杠，使其从动模板及托板上卸下

续表

<table>
<tr><th colspan="2">步　骤</th><th>结　构　形　式</th><th>拆　卸　说　明</th></tr>
<tr><td rowspan="8">3</td><td rowspan="8">拆卸动模部分</td><td>(4)拆卸定模板部分螺钉 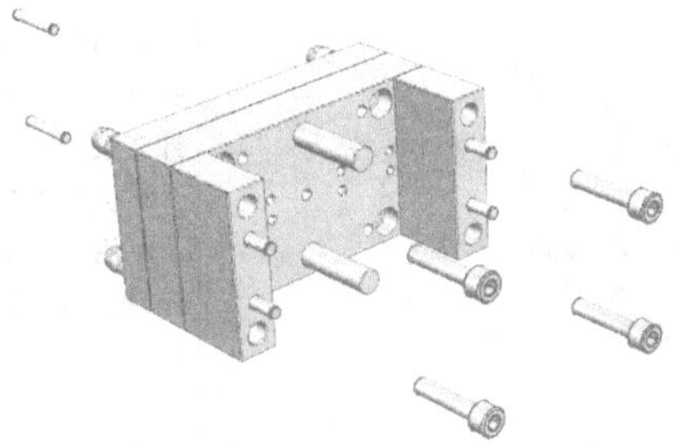</td><td rowspan="2">● 用内六角扳手旋出定模板紧固螺钉 4 颗
● 拔销器拔出定模板定位销 2 根</td></tr>
<tr><td></td></tr>
<tr><td>(5)拆卸定模板、托板、垫铁等零件 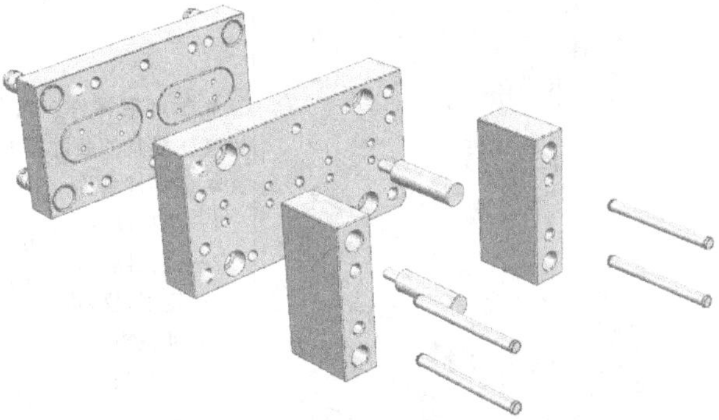</td><td rowspan="2">● 用铜棒、铜板轻轻敲击卸下动模板部分
● 用铜棒、铜板轻轻敲击卸下销钉 2 根,顶出机构导柱 2 根,垫铁 2 块及托板 1 块</td></tr>
<tr><td></td></tr>
<tr><td>(6)拆卸导柱 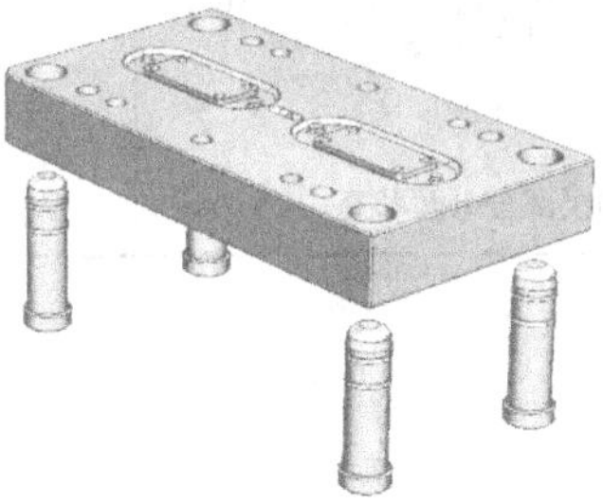</td><td rowspan="2">● 用铜棒、铜板轻轻敲击卸下合模导柱 4 根</td></tr>
<tr><td></td></tr>
<tr><td>(7)拆卸型芯 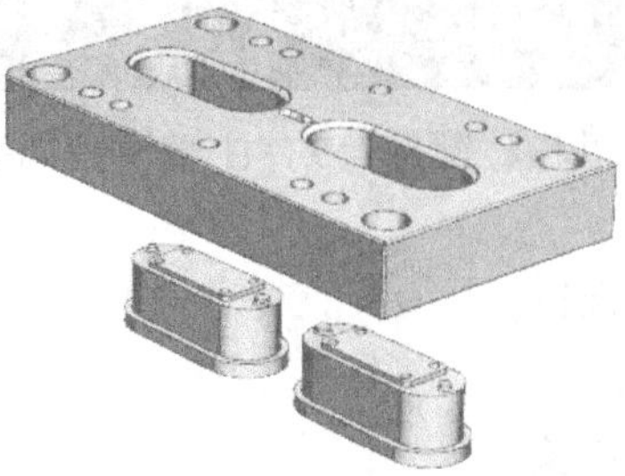</td><td rowspan="2">● 用铜棒、铜板轻轻敲击将型芯从动模板上卸下</td></tr>
<tr><td></td></tr>
</table>

步骤		结构形式	拆卸说明
3	拆卸动模部分	（8）拆卸顶出机构部分零件	● 用内六角扳手旋出顶出机构紧固螺钉4颗，并用铜棒、铜板打出定位销钉2根 ● 拆卸下顶针底板 ● 用铜棒、铜板轻打，将顶针、复位杆、拉料杆从顶针面板上卸下
4	拆卸完毕	定模部分分解状态 动模部分分解状态	● 拆卸后零件应按装配顺序摆放，以便于模具的装配复原 ● 各零件名称 1—浇口套 2—定位圈 3—定模（座）板 4—动模板 5—型芯镶件 6—导柱 7—托板 8—下导柱 9—拉料杆 10—复位杆 11—面针板 12—底针板 13—动模座板 14—垫块 15—顶出块

3.2.3 注塑模具的装配

注塑模具的装配过程是拆卸过程的逆过程，原则上按表3.3所描述过程进行装配即可。但有些装配过程与拆卸过程是不同的。

一般注塑模具装配复原程序：

- 先装配模具的工作零件（如型腔、型芯、镶件等）。注塑模具先装动模部分比较方便。
- 装配顶出机构零部件。
- 在各模板上装入定位销钉，并拧紧螺钉。
- 总装其他零部件。
- 合上定模部分和动模部分，并试模检验。

3.2.3.1 注塑模具零件的装配

型芯的装配

过渡配合如图 3.1(a) 所示。型芯台肩平面应与型芯线垂直；固定板通孔应与沉孔平面垂直；型芯台肩处有很小圆弧，沉孔的相应位置应加工出倒角，以避免装配不良。

螺纹固定如图 3.1(b) 所示。常用于热固性塑料压模。

螺母固定如图 3.1(c) 所示。装配简便、实用，适用于固定外形为任何形状的型芯。

大型芯固定如图 3.1(d) 所示。需要销钉定位，螺钉紧固。

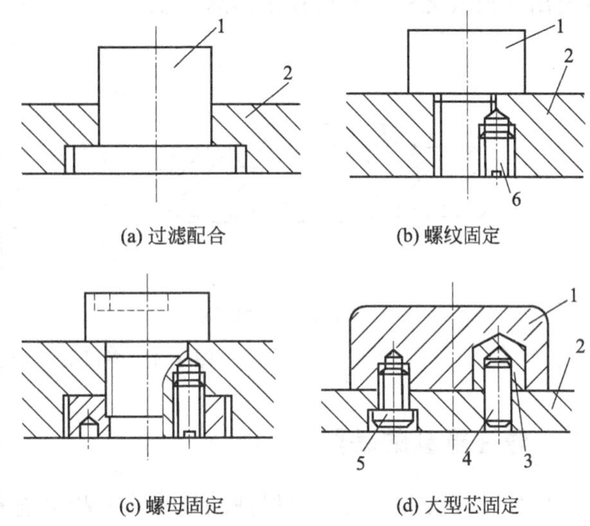

(a) 过滤配合　(b) 螺纹固定

(c) 螺母固定　(d) 大型芯固定

图 3.1　几种常见的型芯固定方式

1—型芯；2—固定板；3—定位销套；4—定位销；5—螺钉；6—骑缝螺钉

型腔的装配

常见的有整体式型腔装配和拼块式型腔装配，如图 3.2 所示。对于压入式配合的型腔，压入端一般不允许有斜度，原因是分型面应紧密无缝。

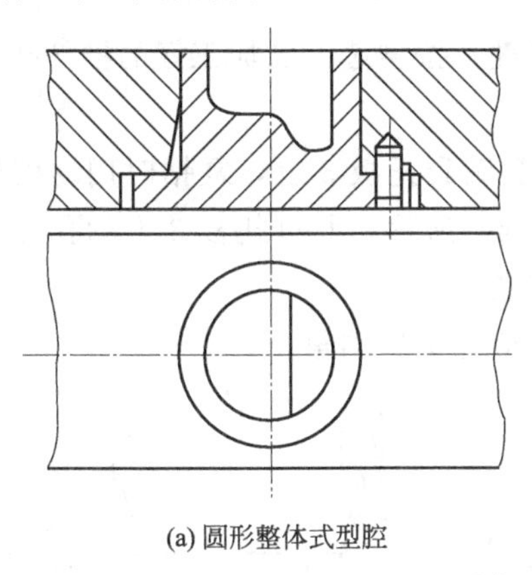

(a) 圆形整体式型腔　(b) 拼块结构的型腔

图 3.2　型腔结构

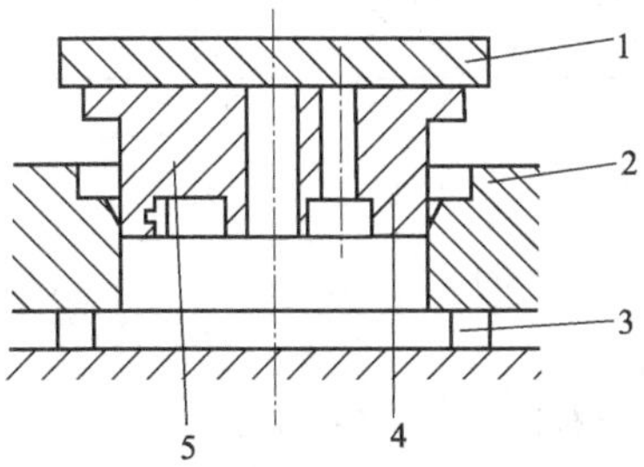

拼块结构的型腔如图 3.2(b) 所示。这种型腔的拼合面热处理后要进行磨削加工。为保证在压入方向不错位，装配时，应在拼块的压入端放入一块平垫板，通过平垫板推动各拼块一起移动，其安装方法如图 3.3 所示。

图 3.3　拼块结构型腔的安装方法

1—平垫板；2—模板；3—等高垫板；4，5—型腔拼块

浇口套的装配

浇口套与定模板的配合一般采用 H7/m6 的公差等级，其压入端与孔的配合应无缝隙。常将浇口套的压入端倒圆角，在加工浇口套时留有去除圆角的修磨量 Z，压入

后突出在模板之外，然后在平面磨床上磨平，通常的修磨量为 0.02mm，如图 3.4 所示。

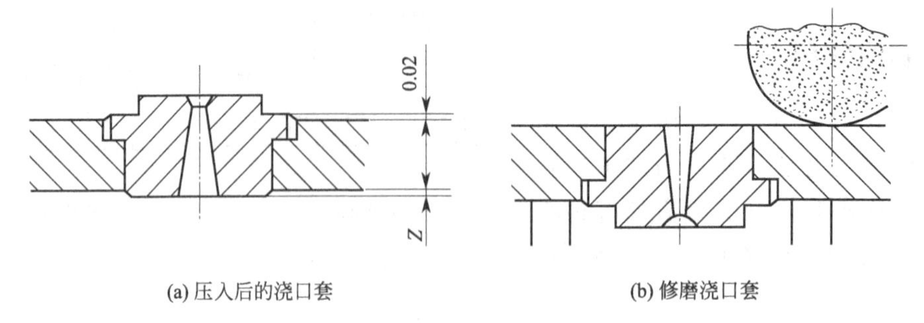

(a) 压入后的浇口套　　(b) 修磨浇口套

图 3.4　浇口套的安装与研磨

导柱导套的装配

导柱、导套装配后，应保证动模板在开模和合模时能够顺畅滑动，无卡滞现象。因此，导柱、导套压入模板后，导柱和导套孔应与模板的安装基面垂直。

装配过程中，首先装配对角位置的两根导柱，再依次安装第三、第四根导柱。

推杆的装配

开模和合模时，推杆应运动灵活，避免发生挤压磨损。

推杆的导柱和导套孔应配作。先将推板、推杆固定板和托板重叠在一起，然后配钻导柱、导套孔。

各模板上推杆孔也应配作。将托板与动模板重叠，按型芯上已加工好的推杆孔配钻托板和 B 板上的推杆孔。

如图 3.5(a) 所示，将型腔镶块 1 上的推杆孔复钻到托板 3 上，复钻时用动模板 2 和托板 3 上原有的销钉与螺钉作定位和紧固；如图 3.5(b) 所示，通过托板 3 上的孔复钻到推杆固定板 4 上，由复位杆 5 定位，平口卡钳 6 和 7 卡紧。

为便于推杆的运动，在各模板的推杆孔入口处应加工出倒角。

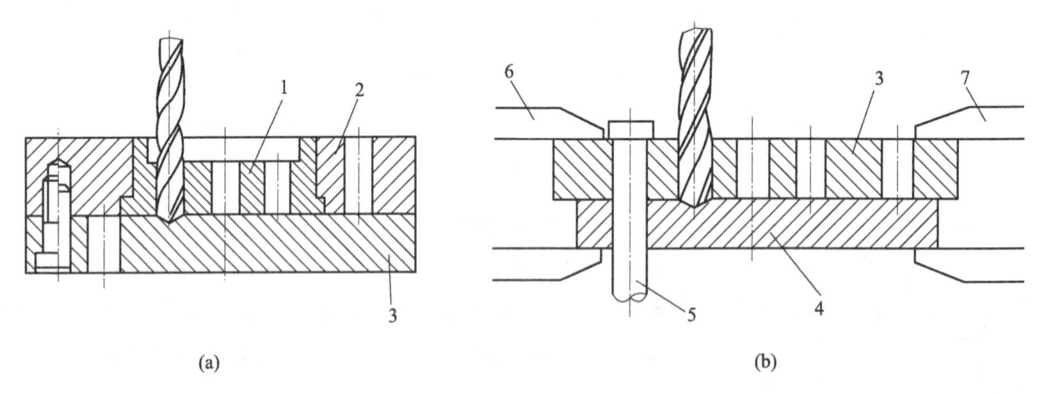

(a)　　(b)

图 3.5　推杆孔的加工

1—型腔镶块；2—型腔固定板；3—托板；4—推杆固定板；5—复位杆；6，7—平口卡钳

3.2.3.2　注塑模具总装配实例

注塑模具因其成型制品不同、结构差异，所以零件的装配顺序也会有所不同，但总体差

异不大，表 3.5 所示实例为总装配过程。

表 3.5　注塑模具总装配实例

步骤		结构形式	拆卸说明
第一步	装配动模部分	1. 装配型芯及导柱 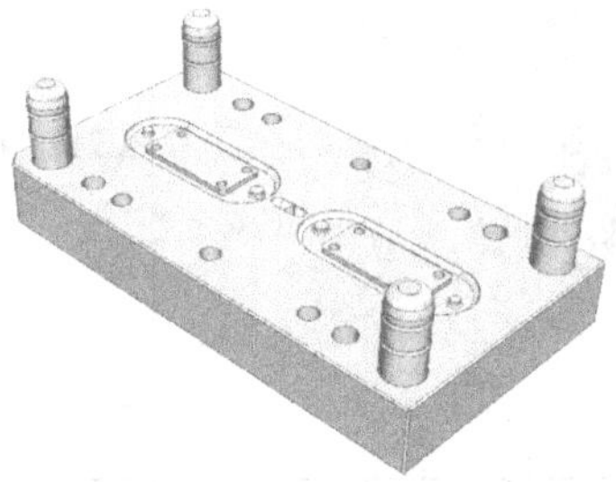	● 用铜棒将 4 个导柱敲打装入动模板上 ● 用铜棒将 2 个型芯敲打装入动模板上
		2. 配作动模托板及推杆固定板上的推杆孔 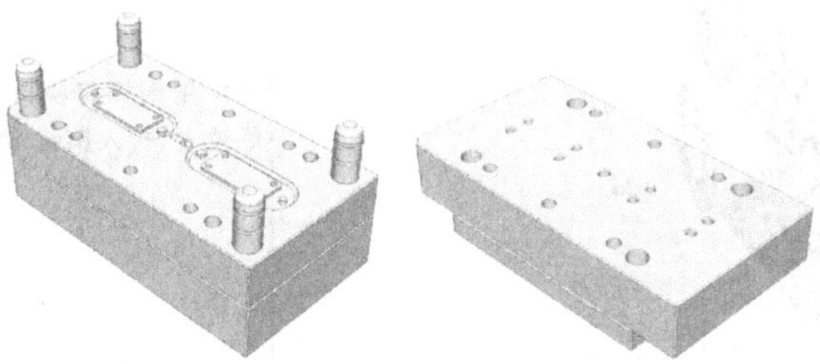 (a) 配钻动模托板　(b) 配钻推杆固定板	● 通过型芯上的推杆孔，在动模托板上钻定位孔 ● 拆下型芯，在托板上钻推杆孔 ● 用平行夹头将推杆固定板与动模托板夹紧，配钻推杆固定板上的推杆孔
		3. 装配顶出机构 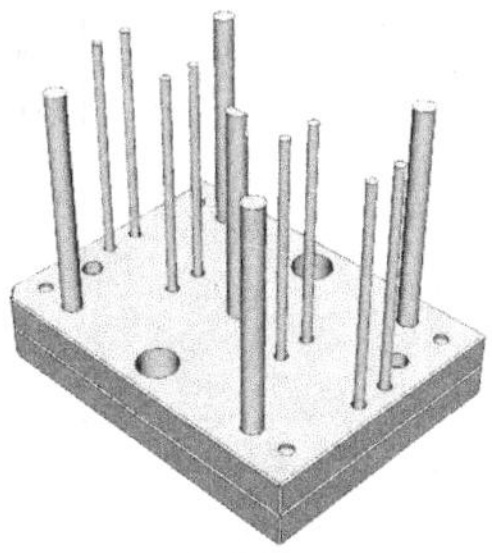	● 同理配作复位杆孔、拉料杆孔并装配顶出机构（较小模具，可将顶针先固定在顶针固定板上后同时装入动模板）
		4. 装配托板、顶出机构 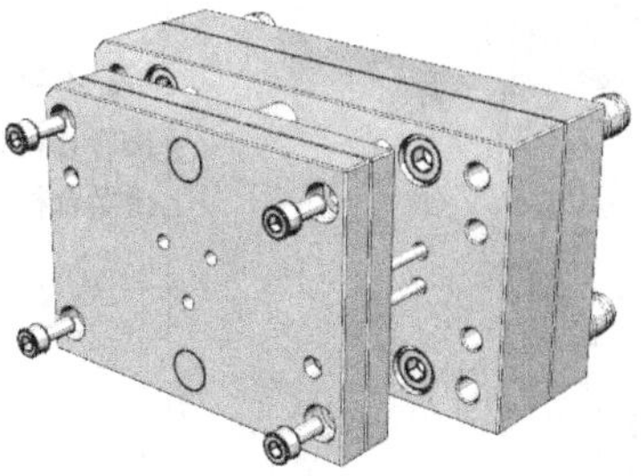	● 装入动模板与托板定位销钉，将顶出机构装入动模板，对好位置

<table>
<tr><th colspan="2">步骤</th><th>结 构 形 式</th><th>拆 卸 说 明</th></tr>
<tr><td rowspan="2">第一步</td><td rowspan="2">装配动模部分</td><td>5. 装配垫块、动模座板等零部件 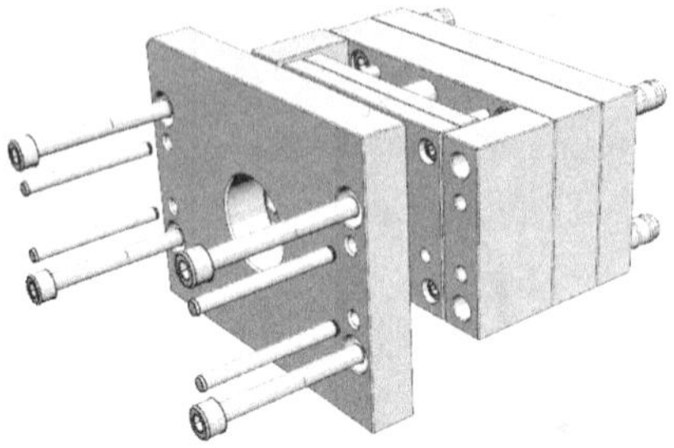</td><td rowspan="2">● 装入动模座板、垫块和托板的定位销钉,检查后拧紧螺钉</td></tr>
<tr><td></td></tr>
<tr><td rowspan="4">第二步</td><td rowspan="4">装配定模部分</td><td>1. 装配浇口套 </td><td rowspan="2">● 用铜棒将浇口套打入定模板,对好位置,打入销钉,然后拧紧螺钉</td></tr>
<tr><td></td></tr>
<tr><td>2. 装配定位圈 </td><td rowspan="2">● 将定位圈套在浇口套外面,对好位置,拧紧螺钉</td></tr>
<tr><td></td></tr>
<tr><td rowspan="2">第三步</td><td rowspan="2">动、定模合模</td><td>1. 检查动、定模,并开始合模 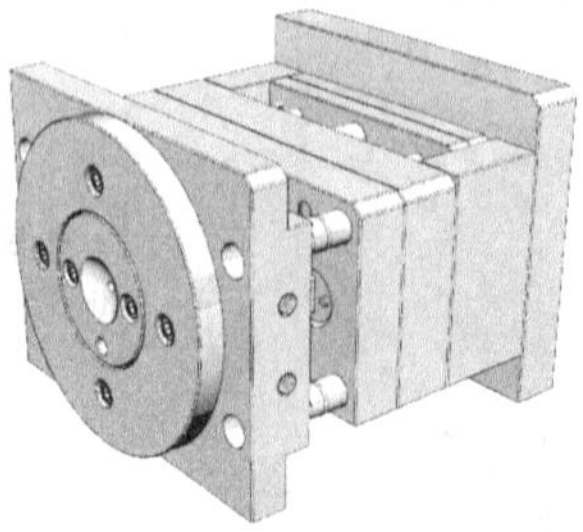</td><td rowspan="2">● 合模前检查动、定模部分,确认无误后合模,用铜棒轻轻敲击对角,防止摇摆合模</td></tr>
<tr><td></td></tr>
</table>

续表

步骤		结构形式	拆卸说明
第三步	动、定模合模	2. 处于合模状态	● 完成合模后，检查模具的装配情况

本小节内容的复习和深化

1. 注塑模具拆装时应注意哪些问题？
2. 注塑模具拆卸应遵循哪些原则？装配复原应遵循怎样的程序？
3. 如何装配注塑模具的浇口套？
4. 使用标准模架和不使用标准模架两种情况下，顶出机构的装配方法相同吗？

4 注塑模具零部件的测绘

模具零部件的测绘是对现有的模具进行实物拆卸测量，选择合适的表达方案，绘出全部非标准零件（训练时也测绘标准零件）的草图及装配图。根据装配草图和实际装配关系，对测得的数据进行圆整处理，确定零件的材料和技术要求，最后根据草图绘制出零件工作图和装配图。

模具零部件的测绘在对现有模具的改造、维修、仿制和先进技术的引进等方面有着重要的意义，是工程技术人员应该掌握的基本技能；对在校学生来讲，通过这一过程可提高其动手能力，正确使用工具拆卸模具（或机器部件）、熟悉结构，使用量具测量零件，训练徒手绘制草图的技能，掌握相关知识的综合应用，培养团队的合作精神。

测绘零件一般步骤：

- 做好测绘前的准备工作。如了解测绘对象的用途、性能、工作原理、结构特点及装配关系等。
- 拆卸零部件。注意对零件进行记录、分组及编号。
- 绘制装配示意图。主要表达零件的相对位置、配合关系。
- 绘制零件草图。
- 测量零部件。要对零件尺寸进行圆整，使尺寸标准化、规格化、系列化。
- 绘制装配草图。
- 绘制零件工作图。

4.1 通用量具及使用方法

测量是将一个长度或高度与检测仪表进行对比。其结果就是测量值。

用量规检验是受检物体与一个量规进行对比。这种检验并非要获得数值，而是确定受检物体是否合格还是报废。

检测装置可以分为三类：检测仪表、量规和辅助装置，如图 4.1 所示。

整体量具的检测仪表和量规是通过例如刻度线间距（画线尺寸）、物体的固定间距（块规、量规）或通过物体角度位置（角度块规）体现出测量结果。

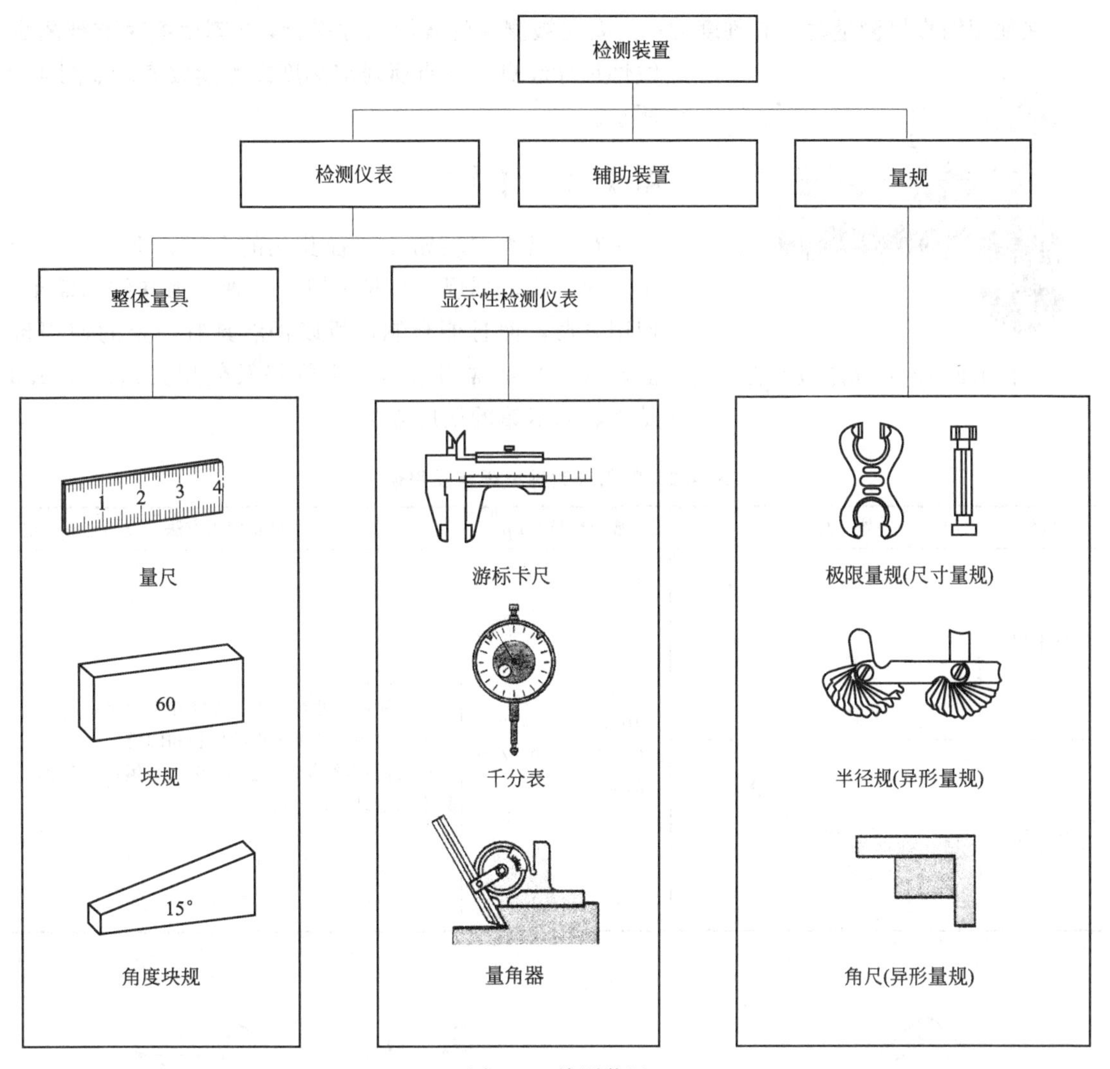

图 4.1　检测装置

显示性检测仪表则具有活动的标记（指针、游标）、活动刻度或计数装置，其检测值可以直接读取。

量规体现的是被测工件的尺寸或尺寸和形状。

辅助装置指例如检测支架和 V 形槽等。

4.1.1　钢直尺

直尺是最常用的量具，结构简单、使用方便，测量的尺寸范围较大，应用范围很广。表 4.1 是常用钢直尺规格类型及用途。

表 4.1　常用钢直尺的规格类型及用途

名称	外　观　图	常用规格/mm	用　　途
钢直尺		0～150 0～300 0～600 0～1000	测量一般精度的线性尺寸

在使用钢直尺测量时，有刻度的一边要与被测量的线性尺寸平行，0 刻度线对准被测量线性尺寸起点，终点所对应刻度即为读数值，如图 4.2 所示。

图 4.2　钢直尺的使用方法

4.1.2　卡钳

在量具大都精密化、普及化的今天，卡钳有外卡钳、内卡钳、划规（单脚卡钳）三种，因其结构简单，使用方便，而且能自制，所以仍然具有一定的使用价值。表 4.2 是常用卡钳种类规格及使用方法。图 4.3 是外、内卡钳的使用方法。

表 4.2　常用卡钳种类规格及用途

名称	外　观　图	常用规格/mm	用途及使用方法
外卡钳		全长：100,125,200,250,300，350，400，450，500,600	● 用途：外卡钳用于测量工件的外径和平行面；内卡钳用于测量工件的内径和凹槽 ● 使用：卡钳是间接量具，必须与钢尺或其他带刻度的量具结合使用
内卡钳			

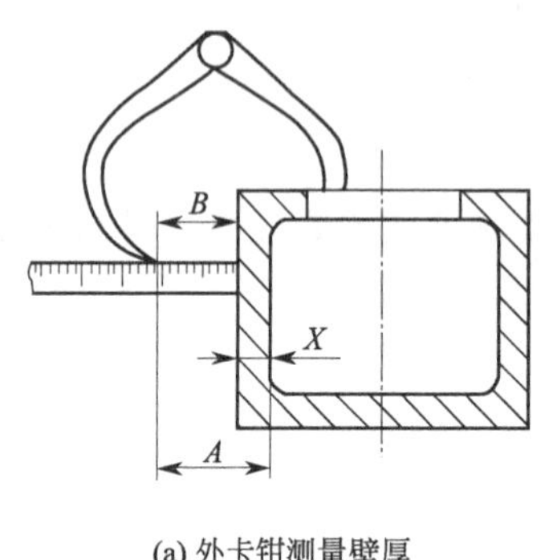

(a) 外卡钳测量壁厚

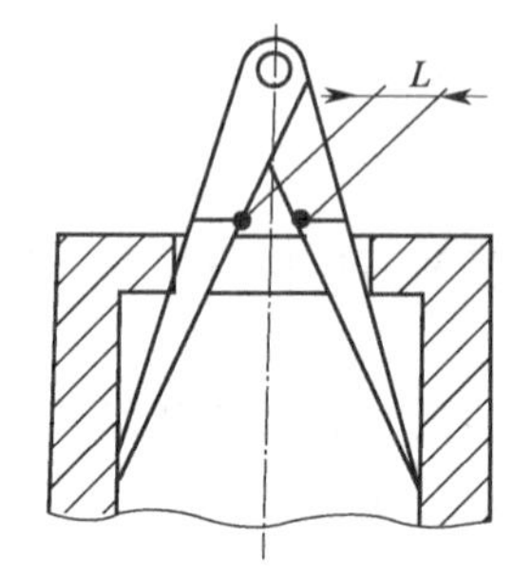

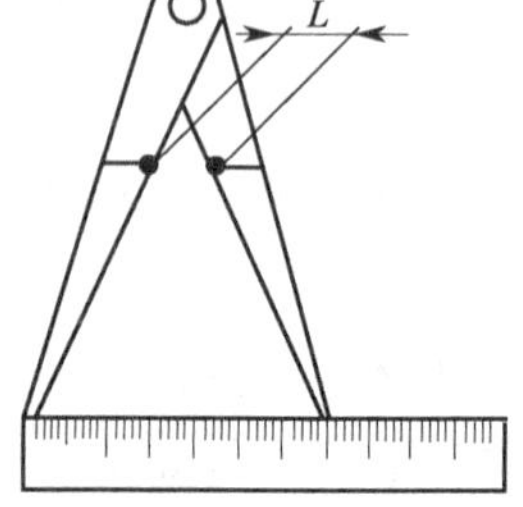

(b) 内卡钳测量阶梯孔

图 4.3　外、内卡钳的使用方法

4.1.3　游标类量具

游标卡尺是把标尺和卡规结合在一起的测量工具，在机械加工中使用广泛。常用的游标类量具包括：游标卡尺、高度游标卡尺、深度游标卡尺和游标万能角度尺等。表 4.3 为常用游标类量具的规格及用途。

表 4.3　常用游标类量具规格及用途

名称	外观图	常用规格/mm	读数值/mm	用途
游标卡尺		0～125 0～150 0～200 0～300 0～1000	0.1 0.05 0.02	测量外径、内径、长度、宽度、厚度和孔距，带深度尺的还可测量深度和高度
高度游标卡尺		0～200 0～300 0～500 0～1000	0.02 0.05	测量放在平台上的工件各部位高度；精度划线
深度游标卡尺		0～200 0～300 0～500	0.02 0.05	测量孔和槽的深度、台阶高度等
游标万能角度尺		Ⅰ型：0～320° Ⅱ型：0～360°	Ⅰ型：2′和5′ Ⅱ型：5′	测量精密工件内、外角度

游标卡尺

游标卡尺的种类很多，但其主要结构大同小异，如图 4.4 所示为游标卡尺的构造。如图 4.5 所示为 1/20 游标和 1/50 游标的识读法。

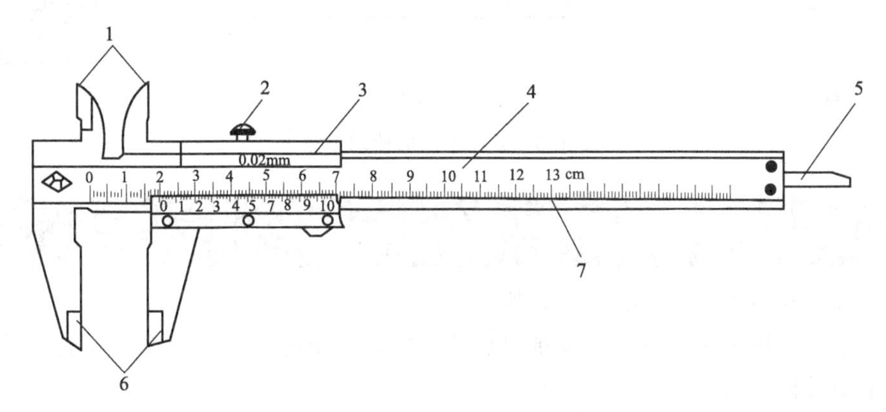

图 4.4　游标卡尺的构造

1—内测量爪（上卡脚）；2—锁紧螺钉；3—游标尺；4—主尺；
5—深度尺；6—外测量爪（下卡脚）；7—刻度线

识读时，一般将游标的零刻度线视为小数点（图 4.5），刻度线左边的刻线都读为毫米的整数数值，然后从零刻度线右边搜寻与主尺刻度线重合状态最好的游标刻度线。

这时，刻度线间隔的数量在不同的游标上分别指明是 1/20mm 或 1/50mm。

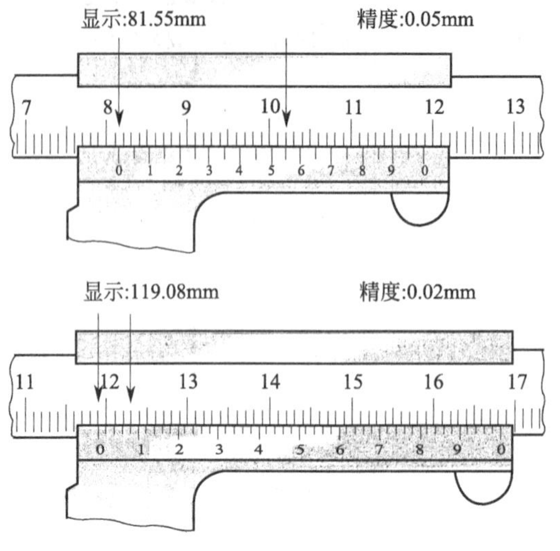

图 4.5　识读 1/20 和 1/50 游标

在测量小型工件时，可以用左手拿住工件，右手操作卡尺进行测量，如图 4.6(a) 所示；测量较大工件时，应将工件固定或靠其自重放置稳定后，用两只手操作卡尺进行测量，如图 4.6(b) 所示；测量深度时，应使游标卡尺的尺身下端面与被测工件的顶面贴合，向下推动深度尺，使之轻轻接触被测底面，如图 4.6(c) 所示。

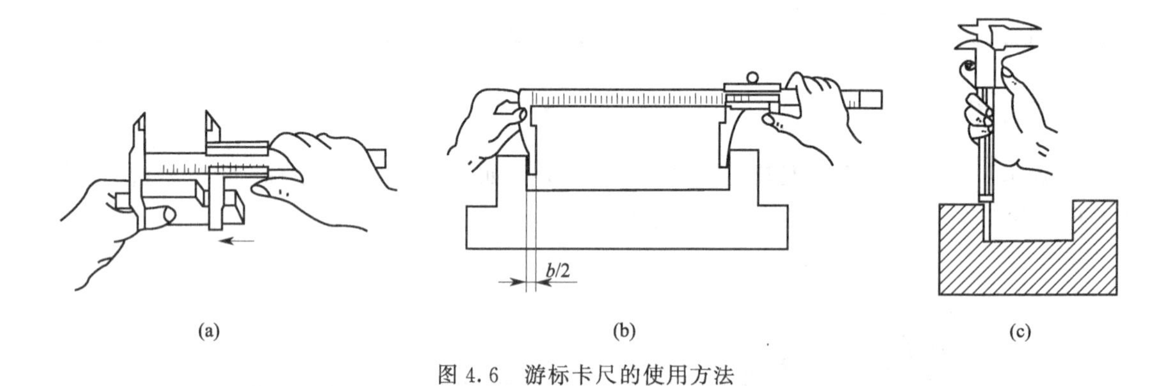

图 4.6　游标卡尺的使用方法

使用游标卡尺测量的操作原则

- 测量面和检验面应该洁净，无毛刺。
- 如果卡尺的测量计数在测量点难以识读，机械式游标卡尺可以锁定游标，然后小心地取出游标卡尺。
- 应避免因温度、过大的测量力（倾斜误差）和检测仪表的斜置所产生的测量误差。

深度游标卡尺

深度游标卡尺一般由主尺、游标尺、锁紧螺钉构成，如图 4.7 所示。

使用前要校对深度游标卡尺的“0”位，使游标的“0”刻度线与尺身的“0”刻度线相

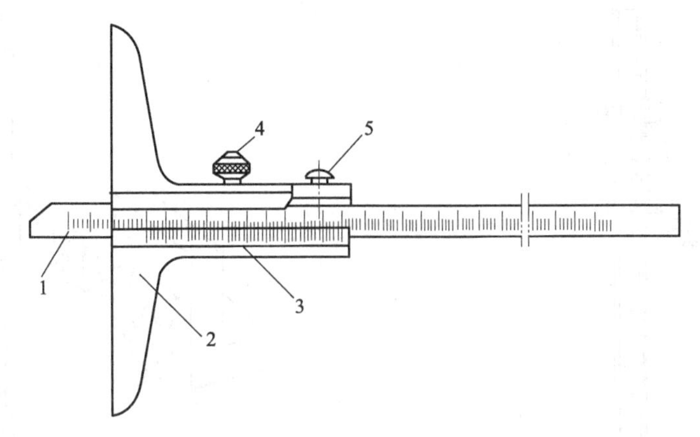

图 4.7　深度游标卡尺构造

1—尺身；2—尺宽；3—游标；4—紧固螺钉；5—调整螺钉

重合。测量时，把底座、底面和尺身的测量面擦干净，然后把底座底面放在被测工件的定位面上，左手压住底座，右手轻轻向下推尺身，当手感到尺身的测量面与被测工件接触，即可读数，如图 4.8(a) 所示。若测量的孔径较深且孔径大于底座底面长度，可以用辅助基准板进行测量，然后减去其厚度 δ，即可测得实际深度，如图 4.8(b) 所示。

深度游标卡尺的读数方法与游标卡尺相似。

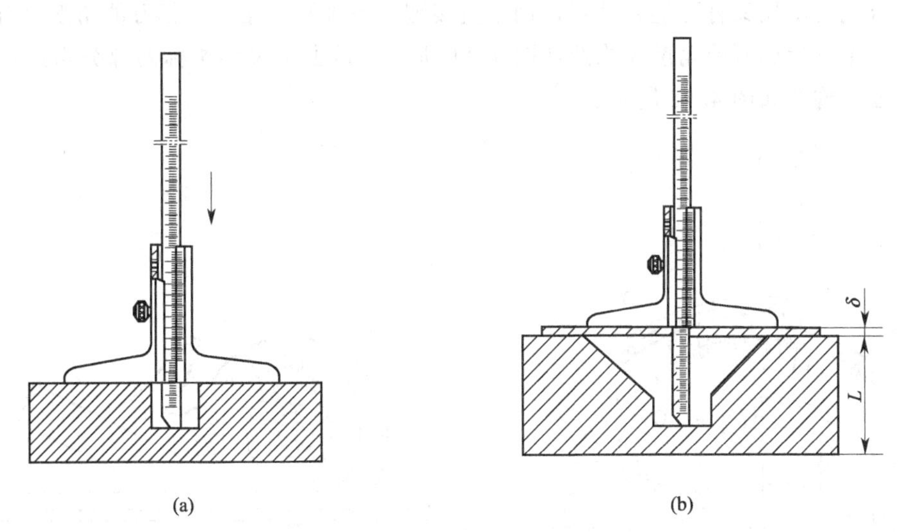

图 4.8　深度游标卡尺的使用方法

高度游标卡尺

高度游标卡尺，是测量高度和划线的操作工具。它是把标尺、立式标尺、划线架合而为一体，并带游标尺的工具，其构成如图 4.9 所示。

高度游标卡尺的读数法与游标卡尺相同。用于划线操作时，按照尺寸要求移动游标使主标尺和游标尺标记重合，紧固游标的紧固螺钉和划线爪夹具的定位螺钉，这样使基座在平板上滑动就能在被加工物上划线，如图 4.10 所示。

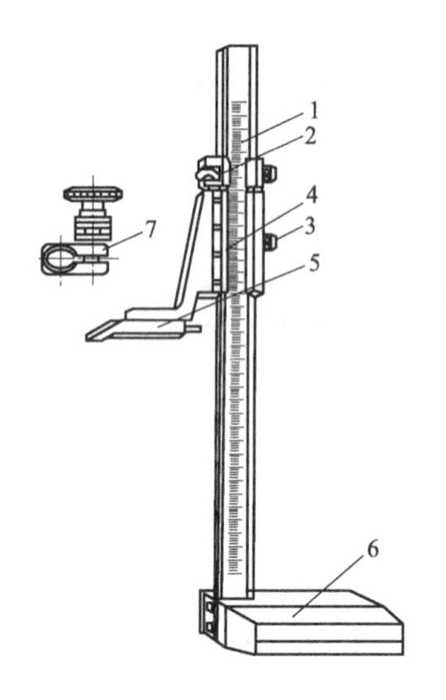

图 4.9　高度游标卡尺构造

1—尺身；2—微动框；3—紧固螺钉；4—游标尺框；
5—划线爪；6—底座；7—表夹测量爪

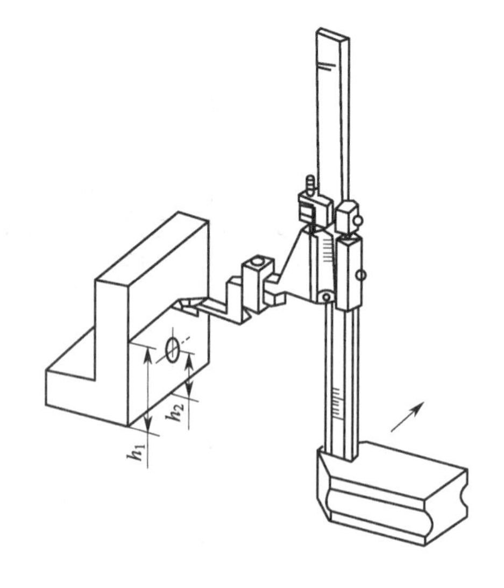

图 4.10　高度游标卡尺划线

游标万能角度尺

游标万能角度尺又称万能量角器，用于直接测量各种平面角。游标万能角度尺有Ⅰ型和Ⅱ型两种。Ⅰ型游标万能角度尺构造如图 4.11 所示，是由主尺和游标两部分组成；Ⅱ型游标万能角度尺构造如图 4.12 所示。

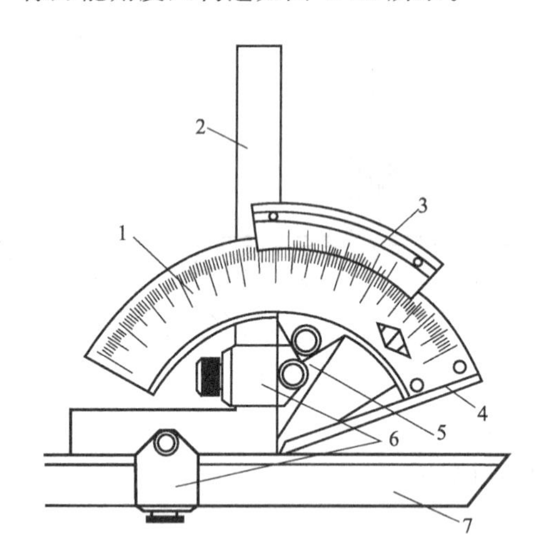

图 4.11　Ⅰ型游标万能角度尺构造

1—主尺；2—角尺；3—游标；4—基尺；
5—扇形板；6—支架；7—直尺

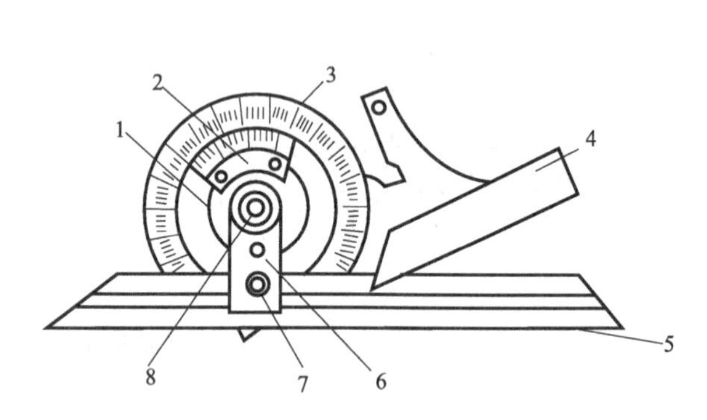

图 4.12　Ⅱ型游标万能角度尺构造

1—转盘；2—游标；3—尺身；4—基尺；5—直尺；
6—连杆；7—固定螺钉；8—螺母

游标万能角度尺读数原理与游标卡尺相似，只是单位不同而已。其读数步骤：先读度（°），再读分（′），最后将两数值相加得到整个读数。如图 4.13 所示，从主尺上可见 38°，再读图中游标和主尺对准的那条线为 30′，最后相加的结果为 38°30′。

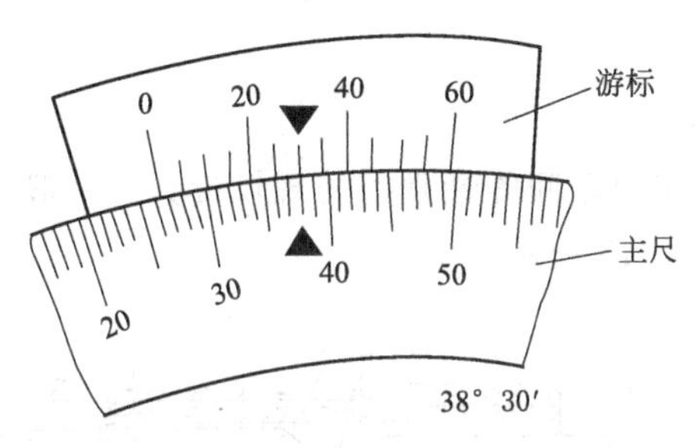

图 4.13　游标万能角度尺的读数原理

游标万能角度尺在使用前也应较准角度尺“0”位，如图 4.14 所示的是Ⅰ型游标万能角度尺的应用实例。

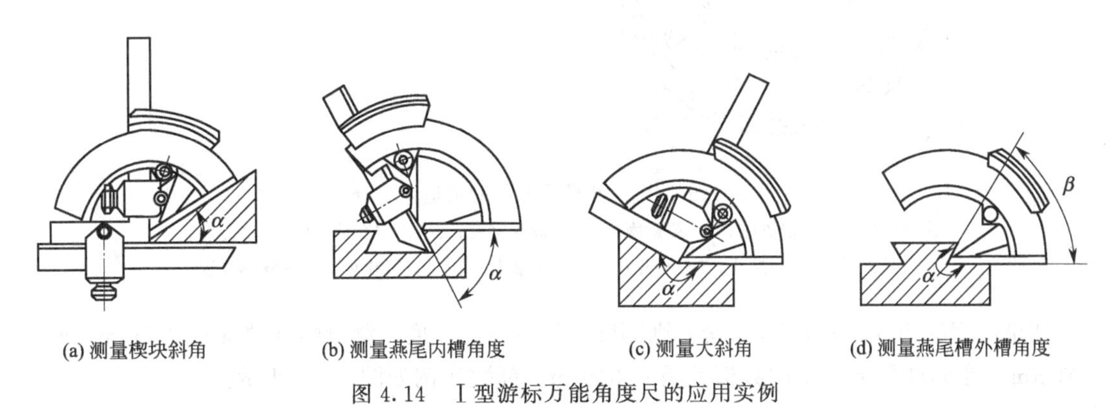

(a) 测量楔块斜角　(b) 测量燕尾内槽角度　(c) 测量大斜角　(d) 测量燕尾槽外槽角度

图 4.14　Ⅰ型游标万能角度尺的应用实例

4.1.4　螺旋式千分量具

千分尺与游标卡尺一样是卡规式量具的一种，利用外螺纹和内螺纹配合使测微螺杆进行微动进给。常用的螺旋式量具包括：外径千分尺、内测千分尺和深度千分尺等。表 4.4 为常用螺旋式千分量具的规格及用途。

表 4.4　常用螺旋式千分量具规格及用途

名　称	外　观　图	常用规格/mm	读数值/mm	用　　途
外径千分尺		0～25 25～50 50～75	0.01 0.001	测量精密零件的外径、长度和厚度等尺寸
内测千分尺		5～30 25～50 50～75	0.01	测量精密零件的内尺寸，如孔直径、沟槽的宽度等
深度千分尺		0～25 25～50 50～75 75～100	0.01	测量精度要求较高的通孔、盲孔、阶梯孔、槽的深度和台阶高度尺寸等

外径千分尺

千分尺是工厂和学校的实习车间等最常用的现场量具。一般所说的千分尺即指外径千分尺。外径千分尺的构造如图 4.15 所示。

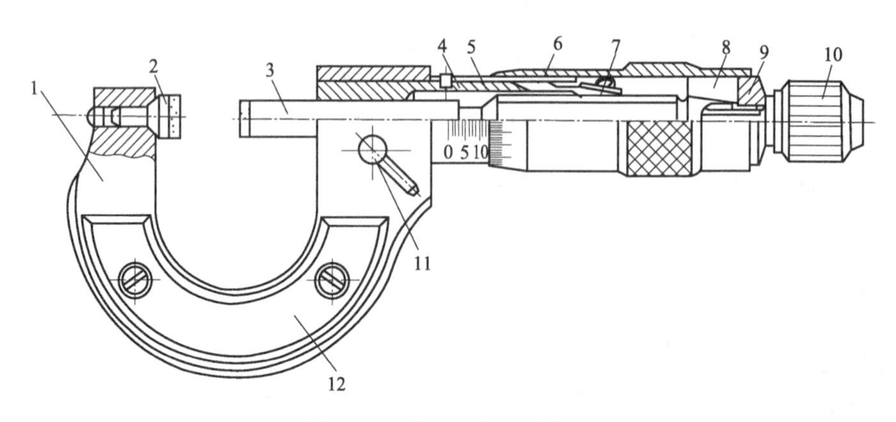

图 4.15 外径千分尺的构造

1—尺架；2—固定测砧；3—测微螺杆；4—螺纹轴套；5—固定套筒；6—活动套筒；
7—调节螺母；8—接头；9—垫片；10—测力装置；11—锁紧装置；12—隔热装置

如果刻度轮的刻度分为 50 等份，则刻度轮每转一个刻度，测量螺杆便移动 0.5mm：50＝0.01mm，在刻度轮上读出的数值就是 0.01mm，读数实例如图 4.16 所示。

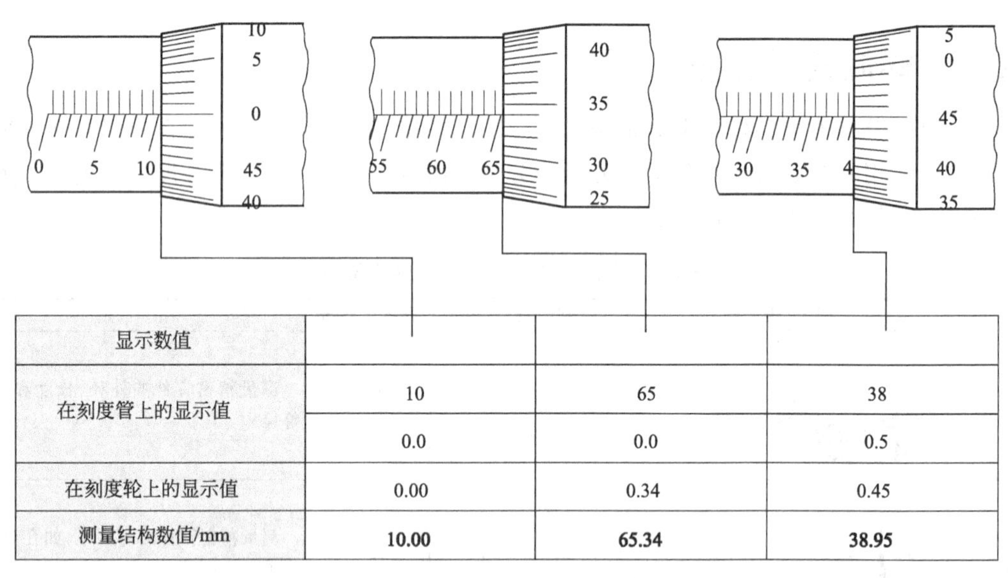

显示数值			
在刻度管上的显示值	10	65	38
	0.0	0.0	0.5
在刻度轮上的显示值	0.00	0.34	0.45
测量结构数值/mm	**10.00**	**65.34**	**38.95**

图 4.16 千分卡的读数实例

千分尺使用操作方法：

- 千分尺校对“0”位合格后才能使用。
- 找到正确的测量位置。如图 4.17(a)、(c) 所示，测量外径时，为了选择正确的接触位置，要左右晃动尺架找出最小尺寸部位，才是垂直于轴线的正确测量截面；要前后晃动尺架找出最大尺寸部位，才是直径方向上的尺寸。

● 左手拿住尺架的隔热装置，右手用两指旋转调节活动套筒和测力装置。先转动活动套筒 6（图 4.15），当两测量面快要接触工件时，改用转动测力装置 10，当测微螺杆 3 的测量面紧贴工件表面时，测微螺杆就停止转动，这时如果再旋转测力装置就会发出“咔、咔”的响声，表示已拧到头。

● 读数如图 4.16 所示。

错误的测量方法：如图 4.17(b)、(d)，只用测量面的边缘测量，没有使整个测量面接触被测表面；图 4.17(e) 则歪斜，没有使微螺杆轴线与工件的被测尺寸方向一致。

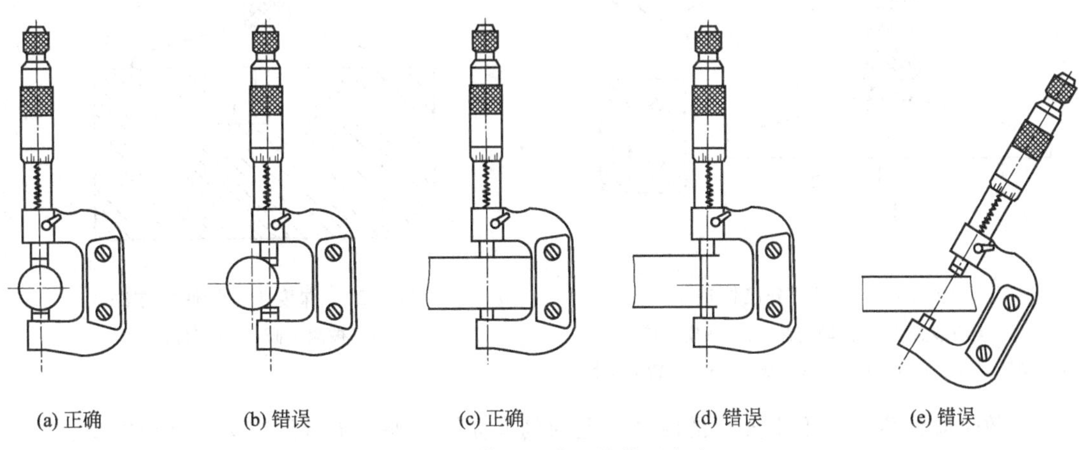

图 4.17 外径千分尺的使用方法

内测千分尺

内测千分尺主要用于测量精密零件的内尺寸，其构造如图 4.18 所示。

内测千分尺的具体测量方法和读数方法与外径千分尺相似，如图 4.19 所示。

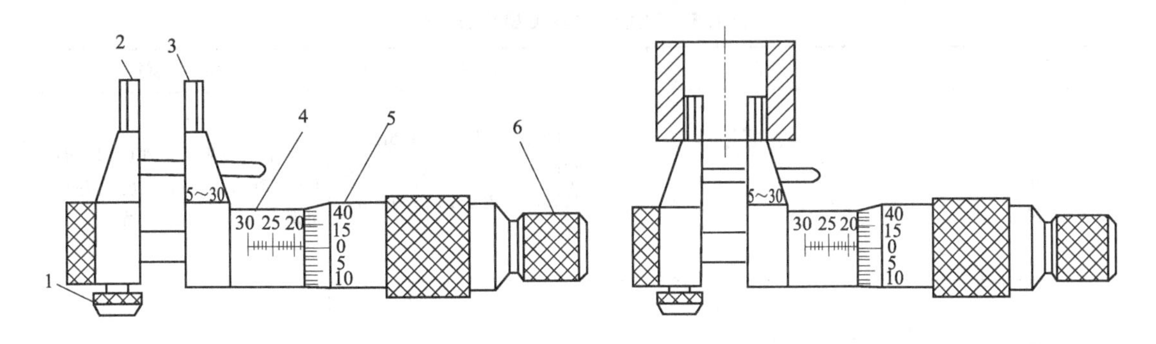

图 4.18 内测千分尺构造

1—锁紧装置；2—固定量爪；3—活动量爪；4—固定套筒；5—活动套筒；6—测力装置

图 4.19 内测千分尺使用方法

深度千分尺

深度千分尺的构造如图 4.20 所示。

用深度千分尺测量的被测面和定位面的表面粗糙度 Ra 值不能大于 0.08μm。如图 4.21 所示，测量时，左手往下按住底板使底板的基准面与定位面 2 紧贴，右手旋转活动套筒，待测量杆与被测量面1快要接触时改为旋转测力装置，使测量面与被测量面轻轻接触，至发出“咔咔”声音后即可进行读数。

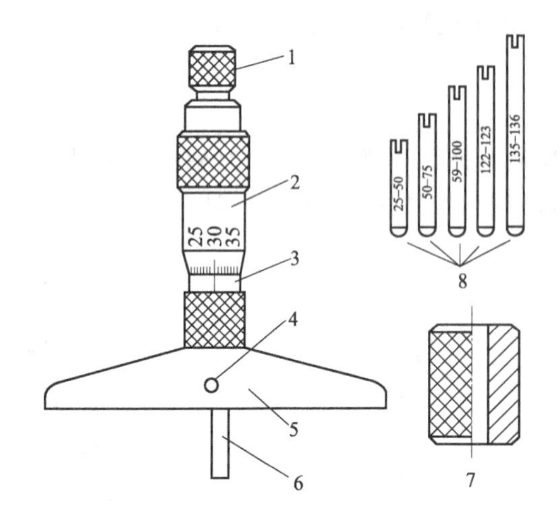

图 4.20　深度千分尺构造

1—测力装置；2—活动套筒；3—固定套筒；
4—锁紧装置；5—底板；6，8—测量杆；7—校对量具

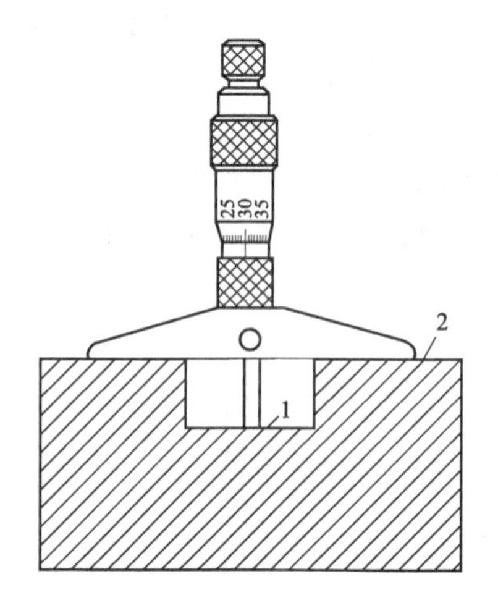

图 4.21　深度千分尺使用方法

1—被测量面；2—定位面

读数时应注意，深度千分尺的测微头上的刻度标记与外径千分尺的刻度标记相反。

4.1.5　其他常用量具及辅具

测绘工作中除使用较多的通用量具外，还常常用到其他一些量具：如90°角尺、半径规、塞尺等测量值固定的定值量具；再如平板、方箱和V形块等辅助工具。

具体规格及用途如表4.5所示。

表 4.5　常用卡钳种类规格及用途

名称		外观图	常用规格	用途
定值量具	90°角尺		63mm×40mm，125mm×80mm，200mm×125mm，315mm×200mm，500mm×315mm	用于精确测量工件内、外角的直角、垂直度和平行度误差；也可对工件进行垂直划线
	螺纹样板		规板厚度0.5mm，每套很多片，每片有不同螺距值	检测螺纹的螺距尺寸或螺纹形状
	半径样板		按半径分1、2、3组，每组30～34片不等，每片尺寸相隔0.25mm、0.5mm或1mm	又称半径规或R规。检测圆角的半径值或圆角的形状

续表

名称		外观图	常用规格	用途
定值量具	塞尺		按塞尺长度（mm）：75、100、150、200、300 按厚度（mm）：0.02、0.03、…、1 等多种规格	又称厚薄规或间隙规。检测零件两表面间的间隙
测量辅助工具	平板		按材料：铸铁、花岗岩 按精度等级：000、00、0、1、2、3 六等	测量时的工作平台，安放量具、零件及其他工具
	方箱		铸铁 钢材	其中一工作面上有 V 形槽。检测工件平行度和垂直度；装夹复杂零件；划线等
	V 形铁		划线用 V 形铁 带夹紧两面 V 形铁 带夹紧四面 V 形铁	测量同轴度误差和装夹零件

本小节内容的复习和深化

1. 读出图 4.22 中千分尺测量值。

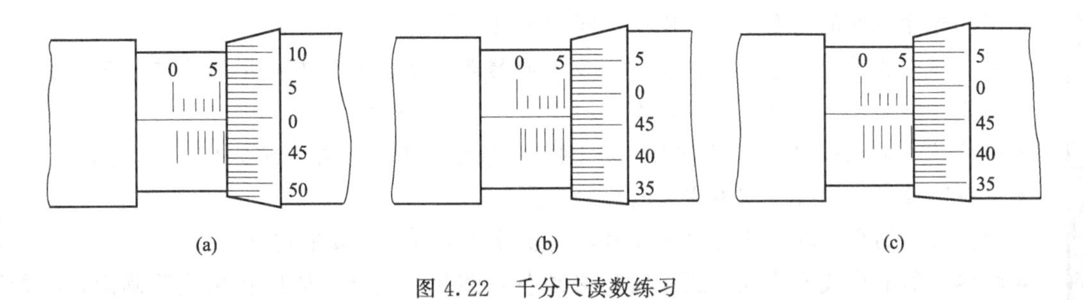

图 4.22　千分尺读数练习

2. 为什么不允许将千分尺的测量螺杆过快地旋向工件？
3. 检测装置可分为哪三类？测量和用量规检测有什么不同？
4. 使用游标卡尺测量操作时应注意哪些方面？
5. 读出图 4.23 中游标卡尺测量值。
6. 直尺测量零件长度能够得到准确测量值吗？为什么？它能精确到哪个单位？

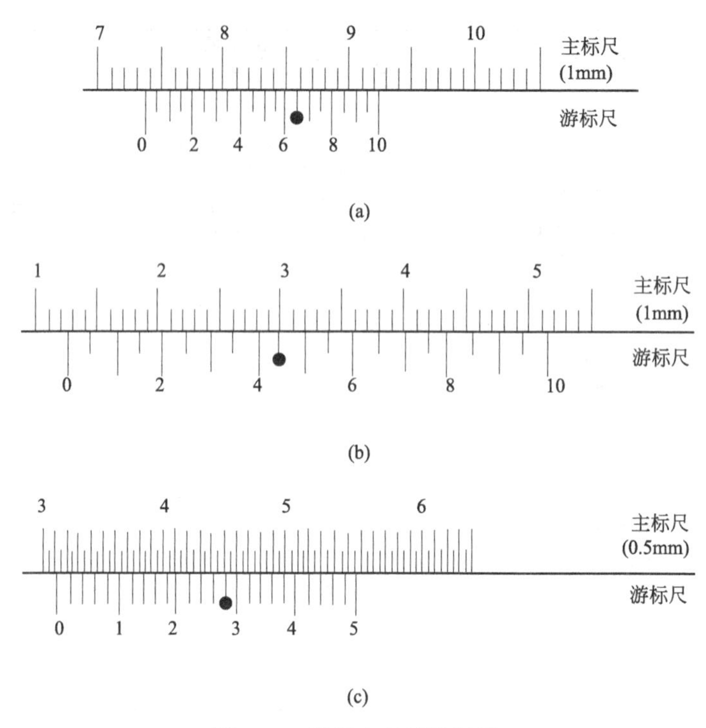

图 4.23　游标卡尺读数练习

7. 简要说明游标万能角度尺的读数原理。

4.2　常用测量方法和技巧

测量方法是指测量时所采用的测量原理、测量器具和测量条件的总和。

测量注意事项：

- 根据被测零件的精度不同，使用不同的测量工具。
- 关键零件的重要尺寸或精密尺寸需反复测量若干次，然后取其平均值或较为一致的数值；整体尺寸应直接测量，不能用中间尺寸叠加而得。
- 测量时，应确保零件的自由状态，防止装夹或量具接触压力等造成零件变形引起的误差。
- 读取数值时，视线应与被测读的数值垂直。
- 测量较大的孔、轴、长度等尺寸时，应多测几个点，取其平均值。
- 两零件的配合或连接处，测量时也必须各自测量、记录，然后互相检验确定，不能只测一处。

4.2.1　长度尺寸的测量

长度尺寸可直接用钢直尺、游标卡尺或千分尺量取，也可用外卡钳测量，如图 4.24 所示，L 为测得的长度尺寸。

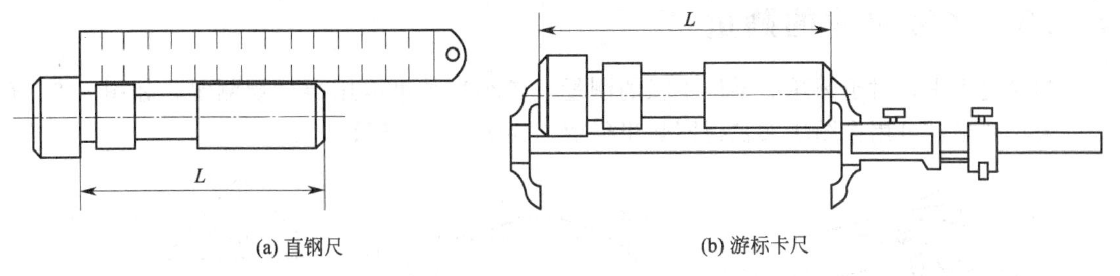

图 4.24　长度尺寸的测量方法

4.2.2　直径尺寸的测量

直径尺寸常用游标卡尺来测量［图 4.25(a)］；对精密零件的内外径则用千分尺［图 4.25(b)］；测量阶梯孔的直径时，如果外面孔小，里面孔大，用游标卡尺和内径千分尺均无法测量大孔的直径，这时可采用内卡钳或外卡钳测量［图 4.25(c)、(d)］。

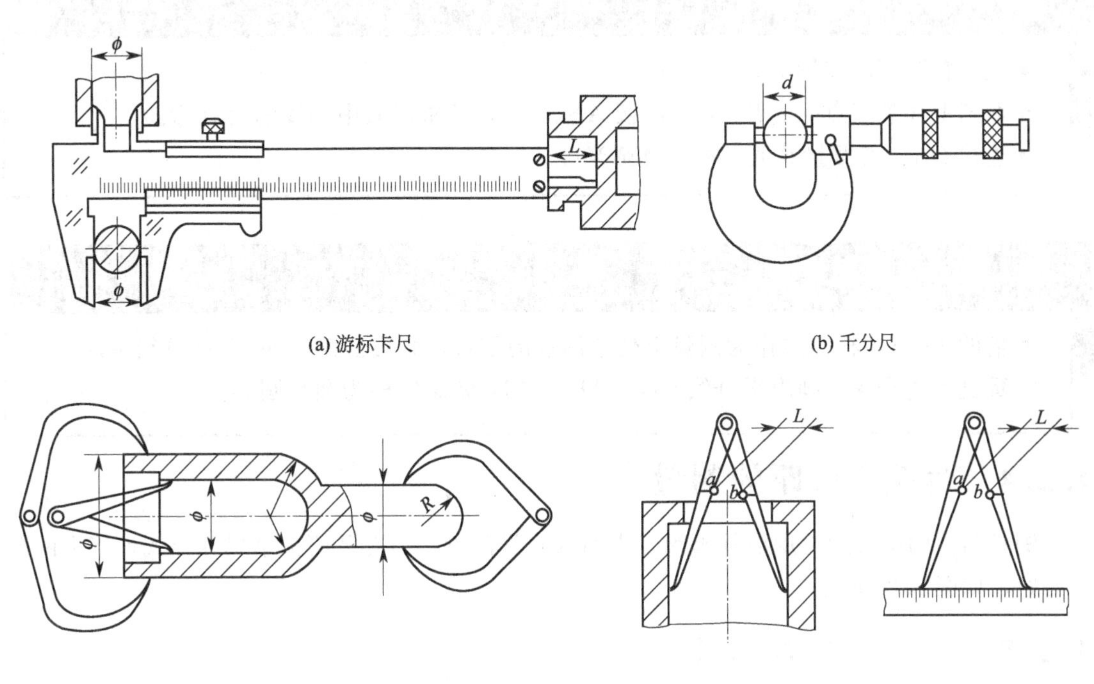

图 4.25　直径尺寸的测量方法

测量壳体上的大直径尺寸无法直接测量时，可采用周长法。

$$D=\frac{L}{\pi}$$

周长法：

用钢尺在壳体上绕一圈，测量出周长 L，则可通过公式计算出直径 D。

4.2.3 半径尺寸的测量

测绘过程中，对于圆弧形零件半径的测量，较小半径可以用半径规测定，如图 4.26 所示；大尺寸半径可用作图法来求得圆弧半径值，如图 4.27 所示。

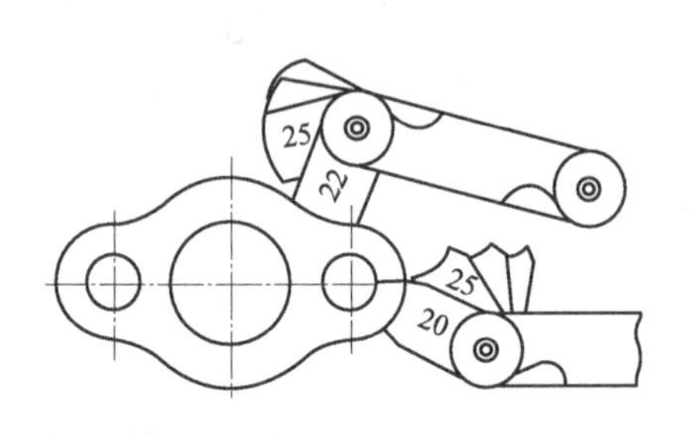

图 4.26 半径规测量圆弧半径

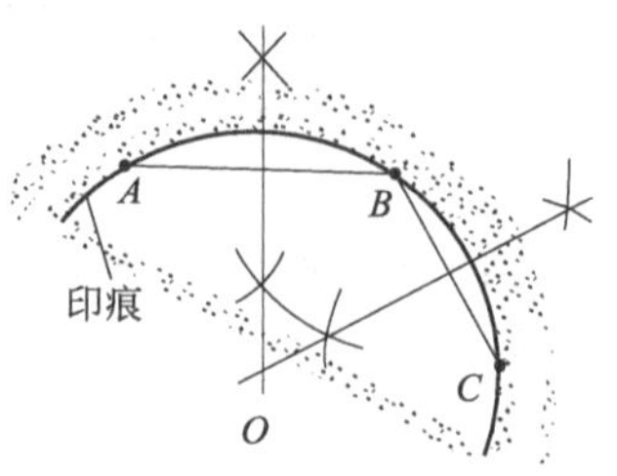

(a) 作图法求圆弧半径法（一）

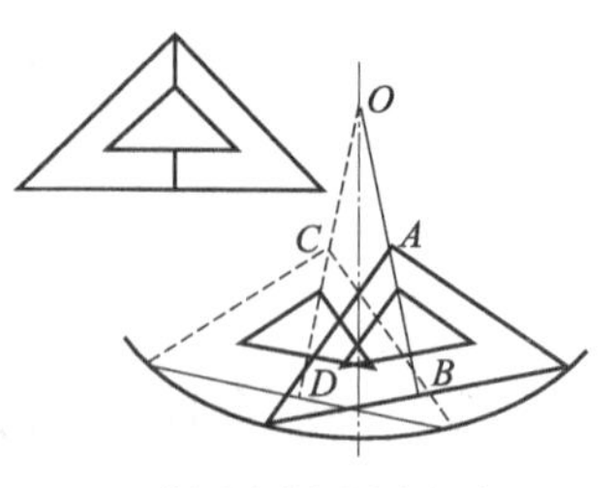

(b) 作图法求圆弧半径法（二）

图 4.27 作图法求圆弧半径

图 4.27(a) 作图步骤：

- 把非整圆拓印在纸上。
- 取图上任意三点 A、B、C，连接 AB、BC，并求出其中垂线的交点 O。
- 连接 OA，并测量其值，即为圆弧半径。

图 4.27(b) 作图步骤：

- 借助 45°三角板斜边作为圆弧上任意两点的弦长，画出三角形 90°角平分线 AB。
- 重复上述步骤，画出平分线 CD。AB 与 CD 交点 O 即为圆弧圆心。

4.2.4 两孔中心距的测量

测量两孔的中心距可用游标卡尺、卡钳或直尺测量，结合几何关系尺寸公式计算出两孔中心距，如图 4.28 所示。

4.2.5 孔中心高的测量

孔中心高度可以使用高度游标尺测量，也可用游标卡尺、直心尺和卡钳等测出一些数据，再根据几何运算方法求出，如图 4.29 所示。

4.2.6 壁厚的测量

壁厚可用钢直尺、钢直尺和外卡钳结合进行测量，也可用游标卡尺和量块（或垫块）结合进行测量，如图 4.30 所示。

4.2.7 螺纹的测量

测量螺纹可使用螺纹样板，也可用游标卡尺测量大径，用薄纸压痕法测量螺距，如图 4.31 所示。

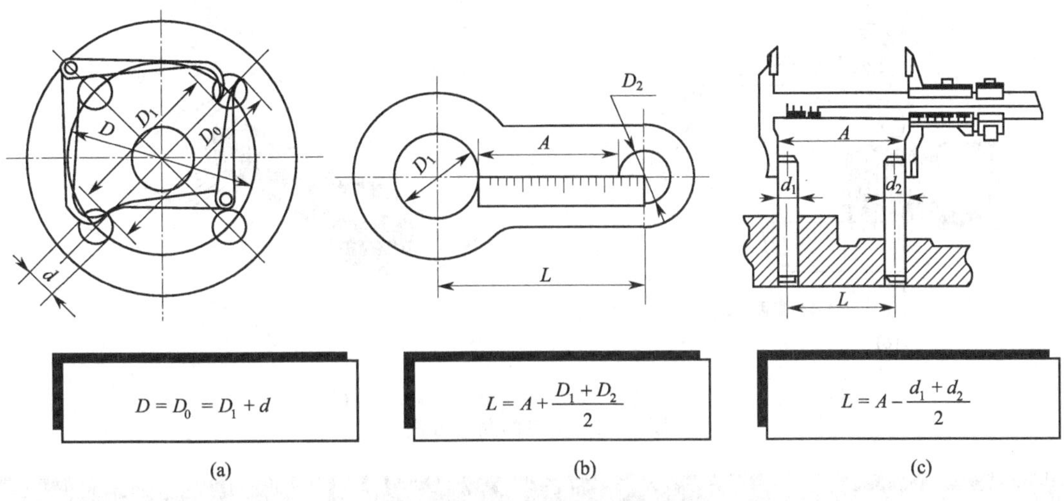

图 4.28　两孔中心距的测量方法

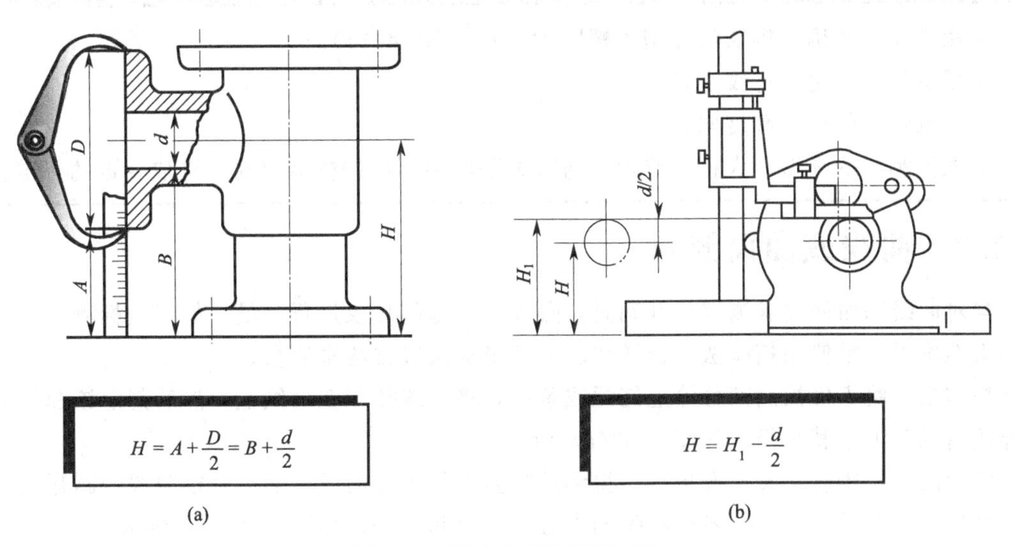

图 4.29　孔中心高的测量方法

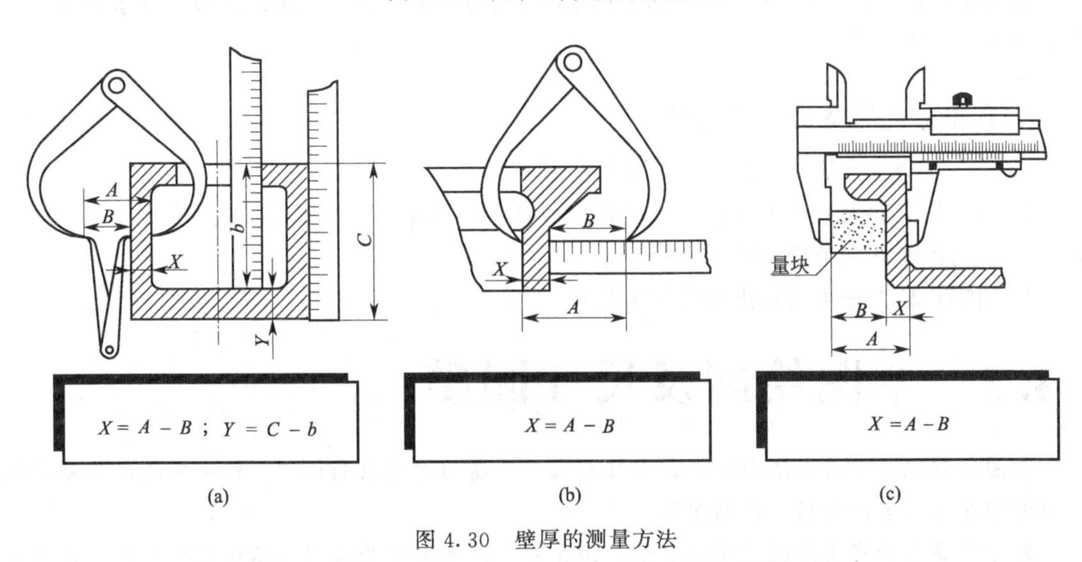

图 4.30　壁厚的测量方法

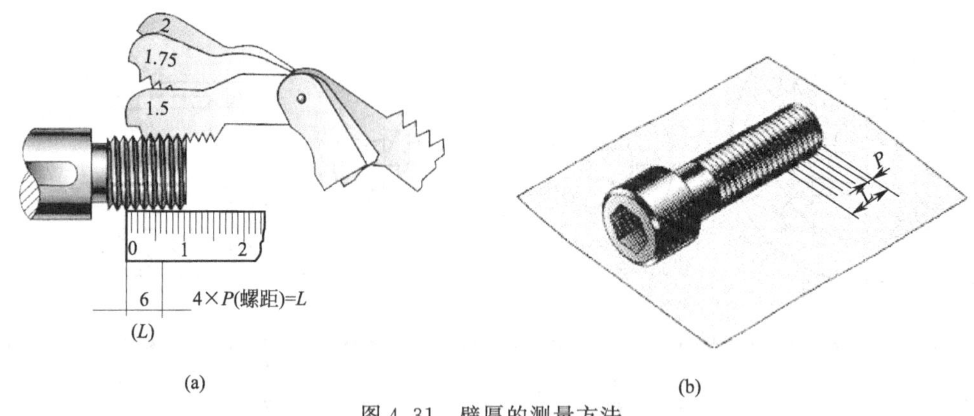

图 4.31　壁厚的测量方法

螺纹测量步骤：

- 用螺纹样板确定螺纹的牙型和螺距 $P=1.5$（图 4.31）。
- 用游标卡尺量出螺纹大径。
- 目测螺纹的线数和旋向。
- 根据测得的牙型、大径、螺距，与有关手册中螺纹的标准核对，选取相近的标准值。

4.2.8　曲线或曲面测量

当对曲线和曲面要求测得很准确时，必须应用专门量仪进行测量，如三坐标测量机。要求不太准确时，常使用拓印法、铅丝法、直角坐标法等方法来测量。

拓印法。将零件被测部分涂上红泥或紫色，将曲线拓印在白纸上，然后判定该曲线的圆弧连接情况，测量其半径，如图 4.32(a) 所示。

铅丝法。用铅丝按实形弯折后，得到反映实形的平面曲线，然后判定曲线的圆弧连接情况，最后用中垂线法，求得各段圆弧的中心，测得其半径，如图 4.32(b) 所示。

直角坐标法。用直尺和三角板定出曲面上各点的坐标，在图上画出曲线，或求出曲率半径，如图 4.32(c) 所示。

本小节内容的复习和深化

1. 什么是测量方法？测量时应注意哪些事项？
2. 当壳体上的大直径无法直接用量具测量时，应用什么方法来测得直径尺寸？
3. 如何用作图法来获得圆弧半径？
4. 用哪几种方法可以测出螺纹的螺距？

4.3　草图绘制及尺寸圆整

草图绘制就是不借助绘图工具，以目测来估计图形与实物的比例，按一定的画法要求徒手（或部分使用绘图仪器）绘制图样。

尺寸圆整是指将实际测量的不成整数的尺寸，以实测值为依据，参照同类或类似产品的

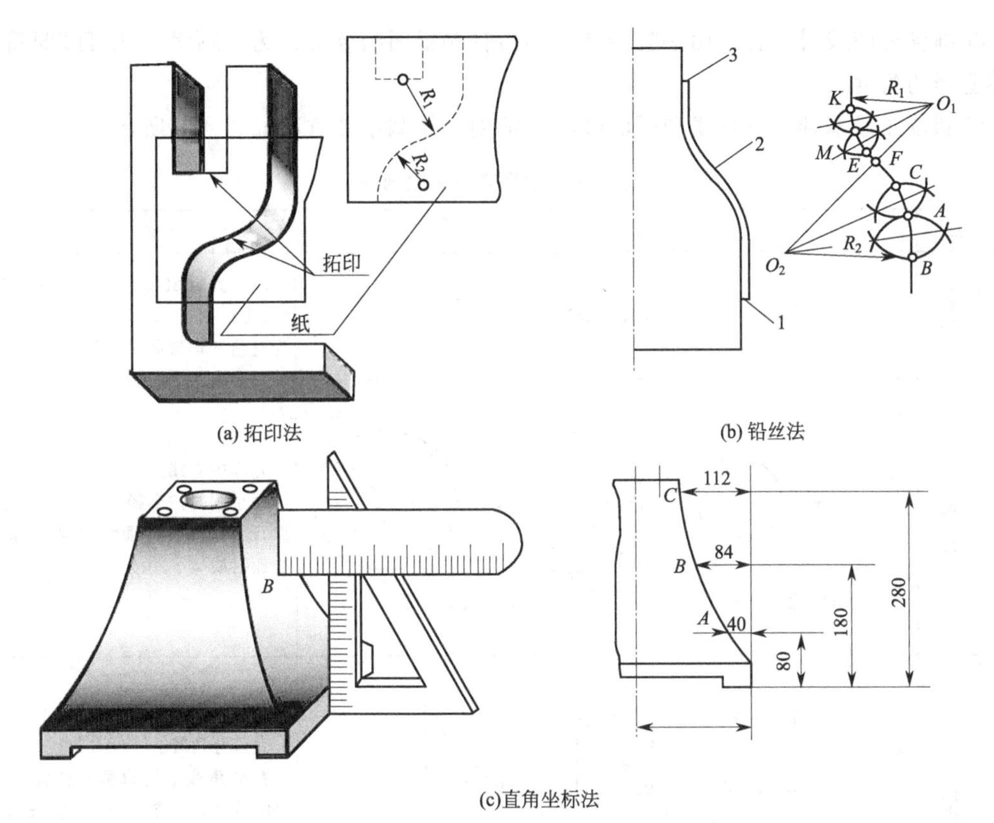

(a) 拓印法　　(b) 铅丝法

(c)直角坐标法

图 4.32　曲线、曲面测量方法

配合性质及类别，推断原设计尺寸的过程。

在模具测绘过程中，由于绘制装配图和零件工作图需要有原始资料和主要依据，所以需要绘制草图；又由于零件存在制造误差、测量误差及使用中的磨损而使实际测量尺寸往往不成整数，所以绘制零件工作图，尺寸要圆整。

下面先介绍草图绘制方法和尺寸圆整方法，然后再通过实例来作具体说明。

4.3.1　草图绘制基础

徒手绘图时，最好在坐标纸上进行，尽量使图形中的直线与分格线重合，这样不但容易画好图线，而且便于控制图形的大小和图形间的相互关系，如图 4.33 所示。

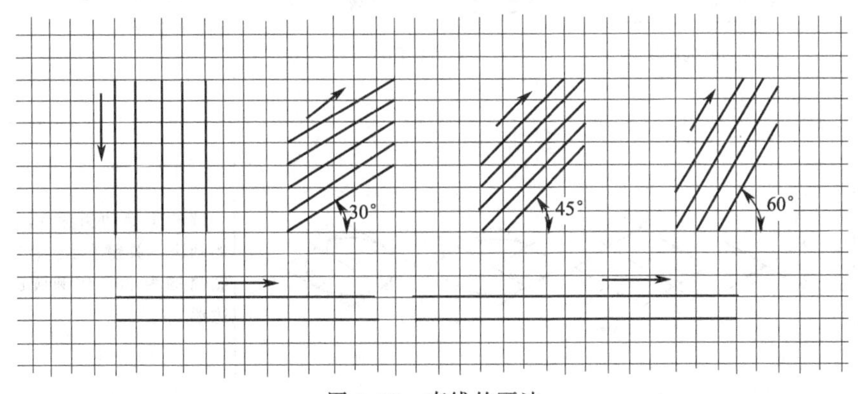

图 4.33　直线的画法

在画各种图线时，宜采用手腕悬空，小指轻触纸面的姿势；为了顺手，还可随时将图纸转动适当的角度。

绘制草图最基础的是直线和圆的画法，常用的绘制草图方法如表 4.6 所示。

表 4.6　常用草图基础画法

画法		简图	说明
平面图	直线画法	（图 4.33）	对于具有 30°、45°、60°等特殊角度的线，可根据近似正切值 3/5、1、5/3 作为直角三角形的斜边画出
	圆的画法	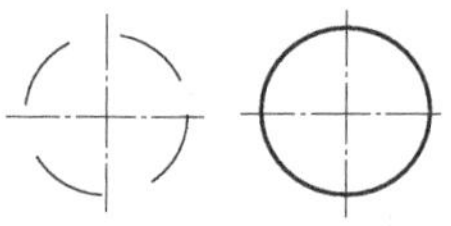 (a) 小圆 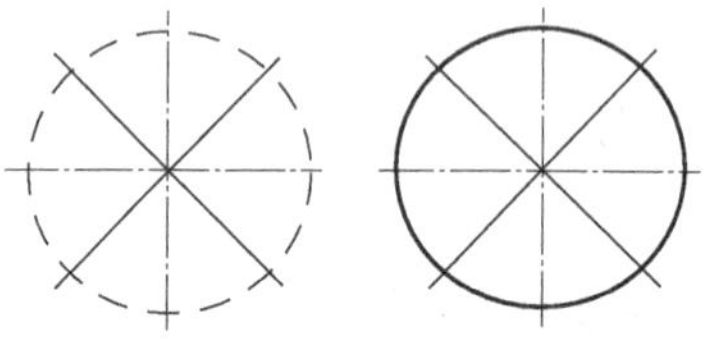　(b) 大圆	先画中心线。 画小圆时按半径在中心线上截取四点，逐步连成圆；画大圆时，可通过圆心加射线
	圆角的画法	直角： 任意角： 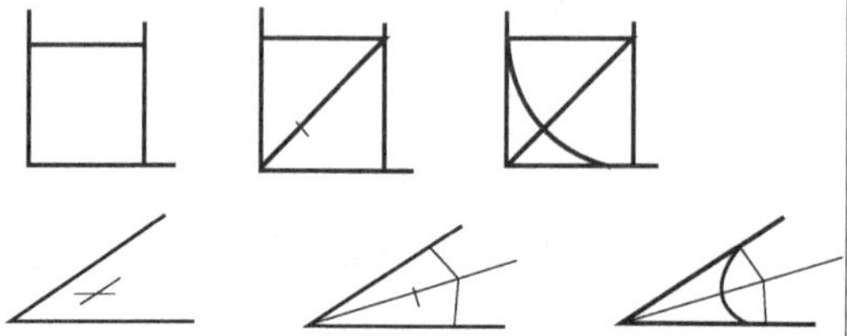	先画分角线。 在分角线上选取圆心位置点，作两边的垂线，形成两垂足点，连接三点圆弧
	椭圆的画法	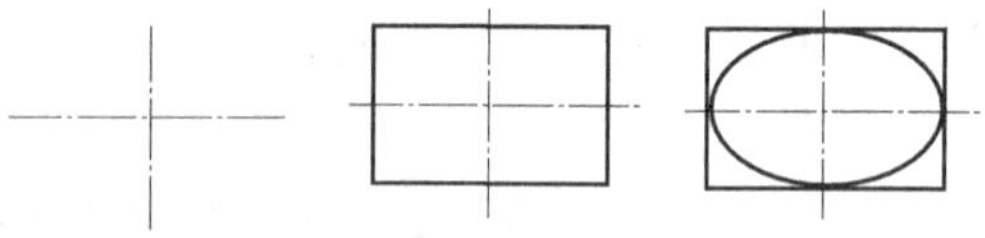	先画椭圆长、短轴。 过长、短轴作矩形，然后作椭圆与矩形相切
	复杂轮廓的画法	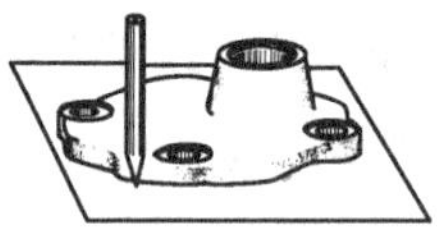 (a) 勾描法 　(b) 拓印法	被拓印表面涂上颜料，然后将纸贴上（有结构阻挡，可将纸挖去一块），即可印出轮廓
轴测图	圆的正等轴测画法	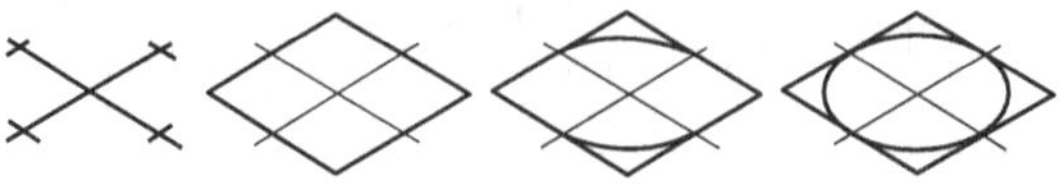	圆的正等轴测图的画法，也是椭圆的画法。关键在长、短轴与水平线的倾角均为 30°，作椭圆的外切平行四边形

4.3.2 草图绘制实例

草图绘制一般步骤：

- 分析零件：名称、用途、材料、结构（包括工艺结构）。
- 选择合理的零件表达方法。
- 初步确定各视图位置：画出中心线、轴线等基准线。
- 按主体到局部顺序，完成各视图底稿的绘制。
- 标出被测零件尺寸界线、尺寸线，测量，并填上测出数值。
- 确定技术要求，填写标题栏，徒手描深，完成草图绘制。

零件草图必须具备零件图应有的全部内容，要求做到：图形正确、表达清晰、尺寸齐全、线型分明。

零件经过分析，确定表达方案和视图数量以后，就可以着手画图。以图 4.34 所示注塑模上的镶件为例，说明零件测绘的方法和步骤。

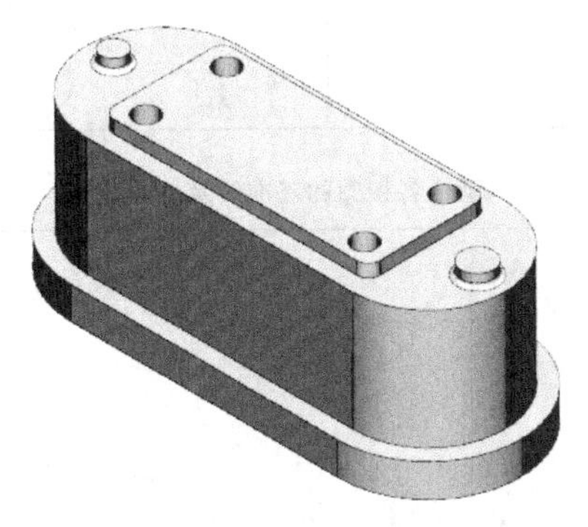

图 4.34 镶件

分析零件：

- 名称：型芯镶件。
- 用途：成型塑件内表面。
- 材料：P20。
- 结构：有凸台、过渡圆角；四周有配合要求；有四个推杆孔。
- 表达方案：根据工作位置放置主视图；较为复杂需要三个视图；有孔要考虑剖视图。

草图的绘制步骤

① 在图纸（或坐标纸）上定出各视图的位置，画出主、俯、左视图的对称中心线和作图基准线，如图 4.35(a) 所示。布图时，要考虑预留标注尺寸的位置。

② 目测比例，详细画出零件的外部及内部结构形状，如图 4.35(b) 所示。

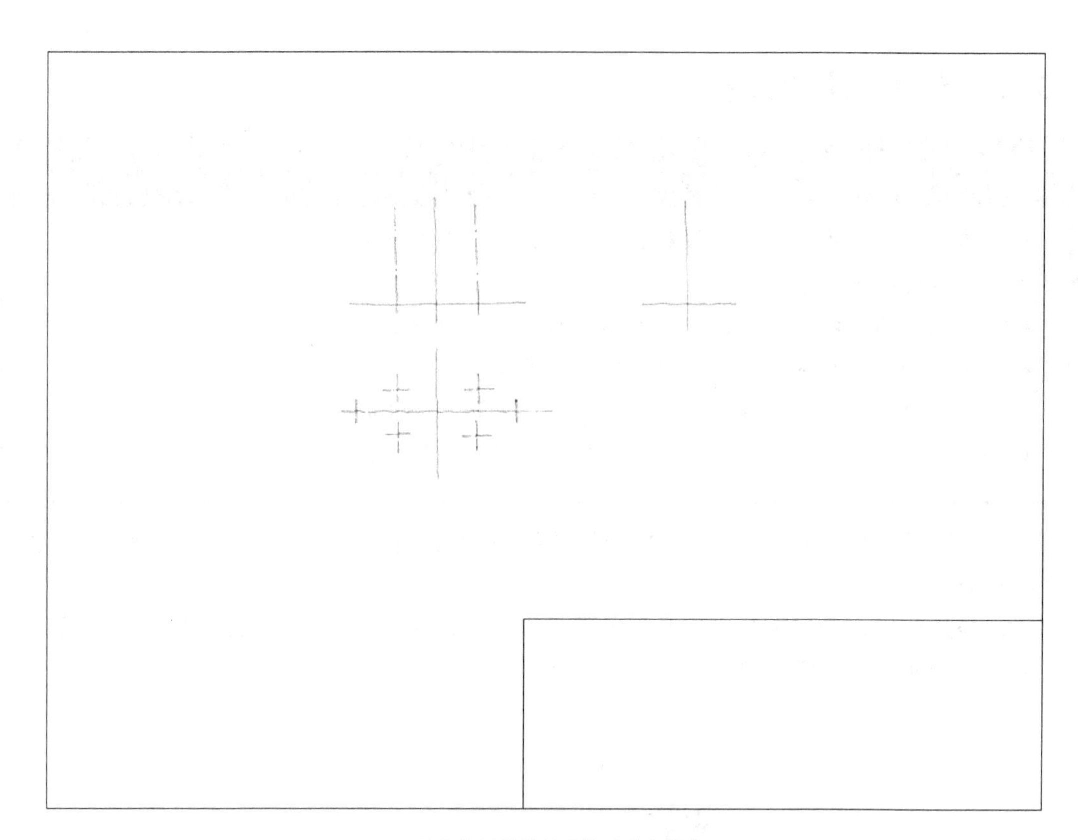

(a) 画出各视图的基准线及基本轮廓

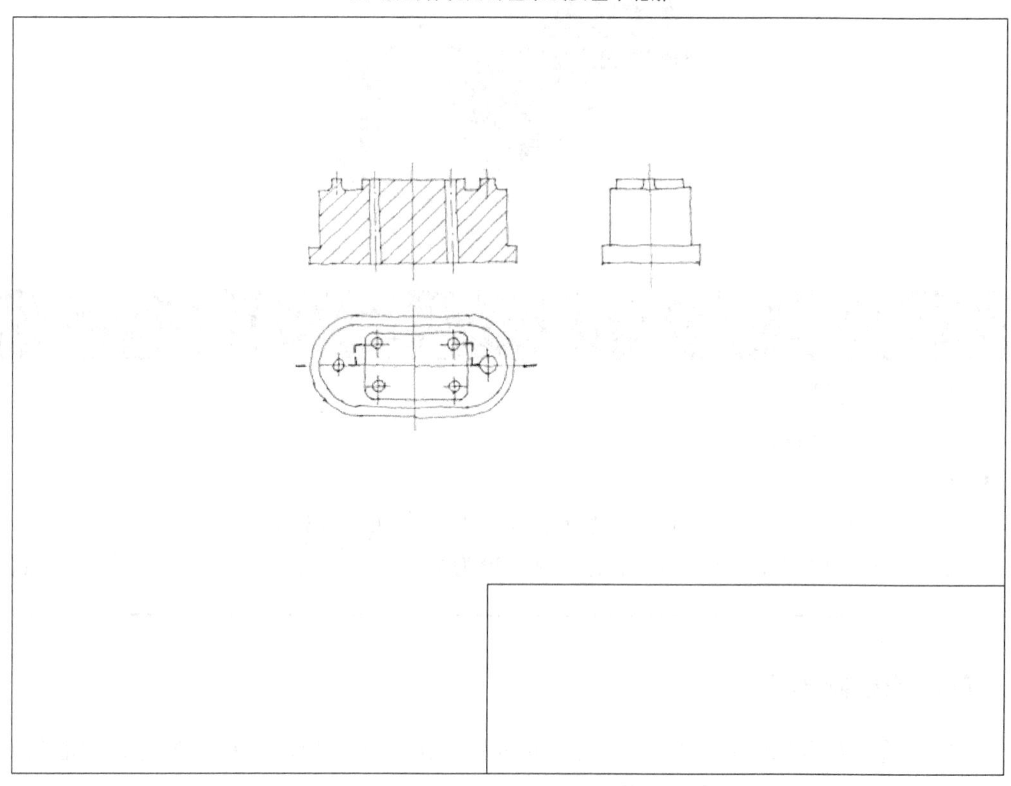

(b) 画出详细结构，完成底稿

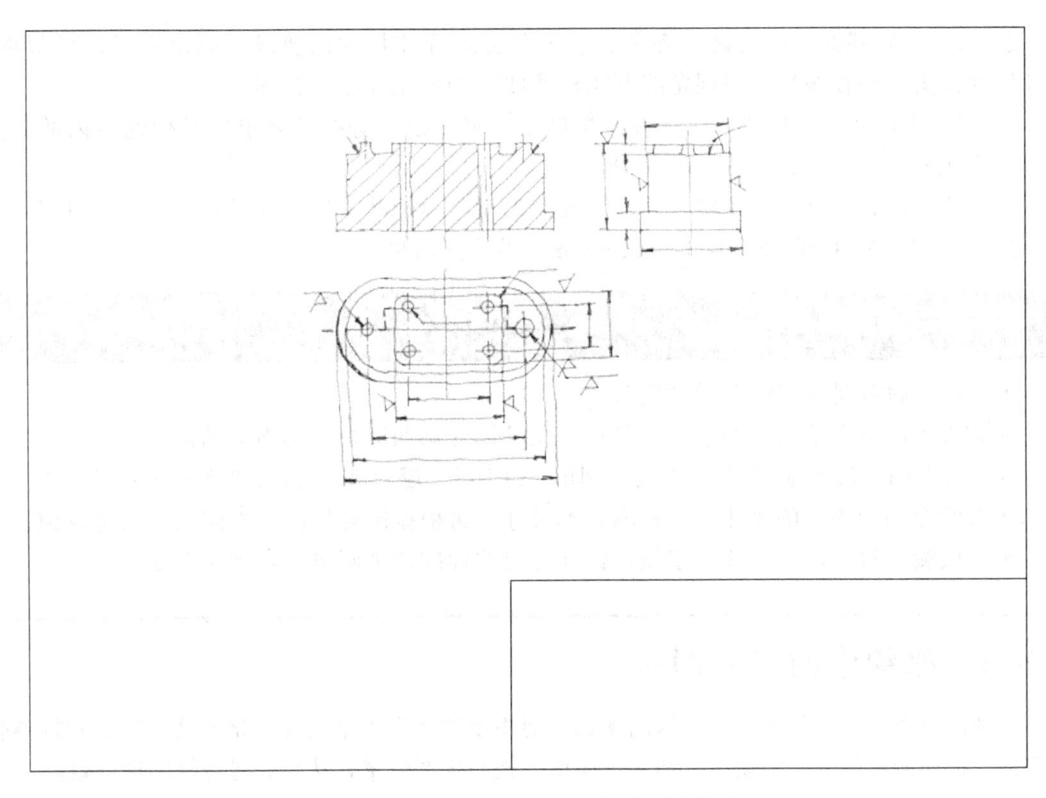

(c) 标出尺寸界线、尺寸线和表面粗糙度符号

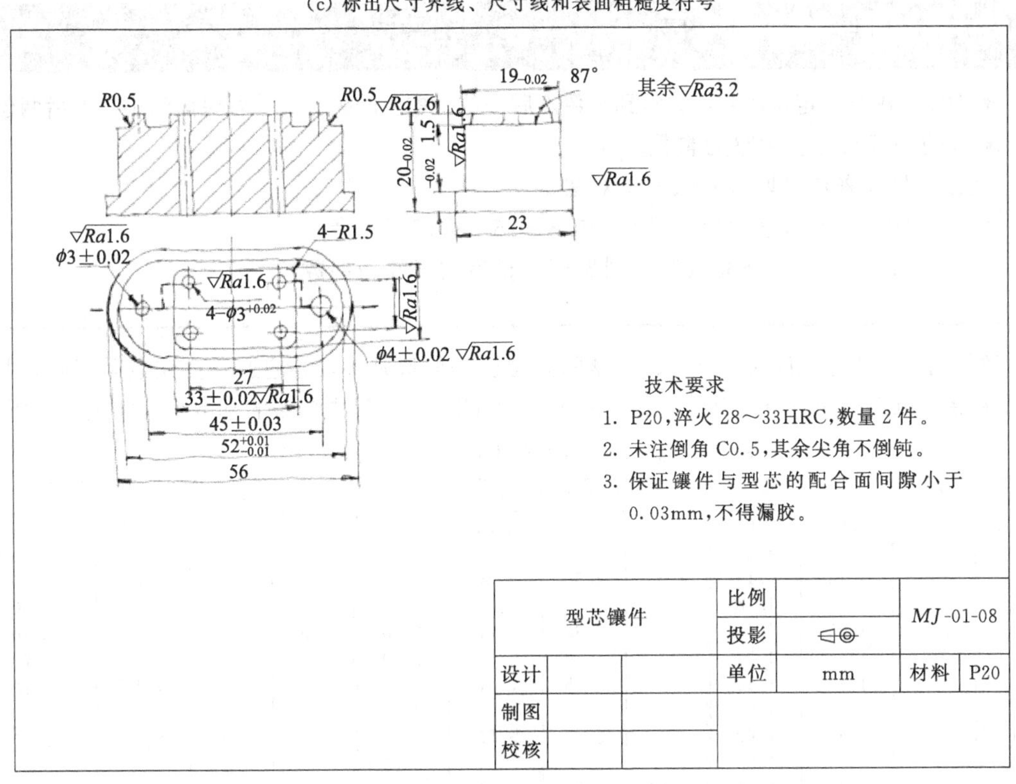

(d) 测量填写尺寸、标题栏及技术要求

图 4.35　型芯镶件的草绘步骤

③ 选定尺寸基准，按正确、齐全、清晰和合理标注尺寸的要求，画出全部尺寸界线、尺寸线和箭头。经校核后，按规定线型描深图线，如图 4.35(c) 所示。

④ 逐个测量并标注尺寸，注写表面粗糙度、尺寸公差等技术要求以及标题栏内的相关内容，完成零件草图，如图 4.35(d) 所示。

完成草图后，要进一步校核，确认准确无误就可画标准零件图（通常应用计算机辅助绘图，如 AutoCAD、PRO/E、UG、Solidworks 等常用软件）。

零件测绘注意事项

- 测绘的过程是先“绘”后“测”。
- 零件上的制造缺陷，如砂眼、气孔以及长期使用而磨损，均不应画出。
- 零件上的工艺结构，如铸造圆角、倒角、退刀槽、越程槽、凸台、凹坑等都必须画出。
- 有配合功能要求的尺寸一般只测基本尺寸，再根据配合性质，查阅相应的标准值。
- 一般测得尺寸应当圆整为整数，标准件应按标准值来圆整（参阅 4.3.3）。

4.3.3 测绘中的尺寸圆整

尺寸圆整不仅可以简化计算，清晰图面，更主要的是可以采用标准化刀具、量具和标准化零配件，提高测绘效率，缩短设计和加工周期，提高生产效率，从而获得良好的经济效益。

尺寸圆整的一般规则

- 性能、配合、定位尺寸：圆整到小数点后一位，重要的关键尺寸可保留到小数点后两位。
- 其他一般尺寸：圆整为整数。

尾数删除应采用“四舍六入五单双法”。

例如：19.6→20（逢六以上进）；25.3→25（逢四以下舍）；

67.5 和 68.5→68（逢五则保证圆整后的尺寸为偶数）。

测绘通用件或标准件时，尺寸的圆整除要遵循一般规则外，还应遵守优先数系规则，并按“先疏后密”顺序，即应当按 R5、R10、R20、R40 的顺序。优先数系的基本系列如表 4.7 所示。

表 4.7 优先数系的基本系列（GB/T 321—1980）

R5	R10	R20	R40	R5	R10	R20	R40	R5	R10	R20	R40
1.00	1.00	1.00	1.00			2.24	2.24			5.00	5.00
			1.06				2.36				5.30
		1.12	1.12	2.50	2.50	2.50	2.50			5.60	5.60
			1.18				2.65				6.00
	1.25	1.25	1.25		2.80	2.80	2.80	6.30	6.30	6.30	6.30
			1.32				3.00				6.70
		1.40	1.40		3.15	3.15	3.15			7.10	7.10
			1.50				3.35				7.50
1.60	1.60	1.60	1.60		3.55	3.55	3.55		8.00	8.00	8.00
			1.70				3.75				8.50
		1.80	1.80	4.00	4.00	4.00	4.00			9.00	9.00
			1.90				4.25	10.00	10.00	10.00	10.00
	2.00	2.00	2.00		4.50	4.50	4.50				
			2.12				4.75				

表 4.6 中列出了 1～10 范围内基本系列的常用值，将这些值乘以 10，100，…或乘以 0.1，0.01，…，即可向大于 1 和小于 1 两边无限延伸，得到大于 10 或小于 1 的优先数。

本小节内容的复习和深化

1. 什么是草图绘制？草图有何作用？
2. 描述草图绘制的步骤过程。
3. 零件的测量值为什么要进行圆整？尺寸圆整时要遵循哪些规则？
4. 思考一下，绘制模具零件草图和模具装配草图有何不同？

5 实训单元

根据学习单元制定的课堂教学目标

- 课堂上所获取的知识应能够转换到工厂实践中去。
- 通过“从学习环境到实际操作环境”以及“从知识到实践”的方式，充分利用专业书籍、专业图表手册、设备制造商新产品目录和互联网页。
- 促进分析问题和解决问题的能力，训练合作学习和自我计划的独立学习能力。

以学习单元为定向的学习的特征

- 根据学习单元制定的学习计划，是通过工作范围（实际工作任务）来制定，例如模具机械师职业培训范围内的加工制造、装配、检测和维护保养等。在这个框架内，同时追求技术知识水平和动手能力。
- 根据本地区工业环境、学校的能力以及学生的学习能力等因素制定适宜的指导任务，创造良好的学习环境。认真细致地协调好教室、实验式和专业实践车间以及班级教师的合作等之间的合理分配。

一个学习单元的基本结构如下。

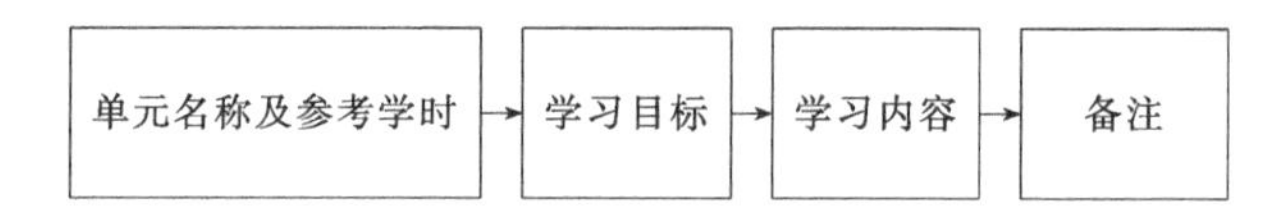

借助指导任务制定一个学习单元的学习步骤。

分析所选择的任务。设立任务，筛选信息源。

计划。进行计算，选择材料，编制工作计划。

专业知识。通过课堂教学、专业书籍、制造商技术资料、电影视频等获取专业知识。

实际操作。加工，装配，检验，优化，维护保养。

评估。遵守时间计划和成本计划，对比不同的解决方案。

记录。照片，总图，零部件明细表，检验纪要，说明。

演示。广告性地或信息性地演示，以参照组为准。

5.1 测绘塑料制品

选择的指导任务参考图如图 5.1 所示。

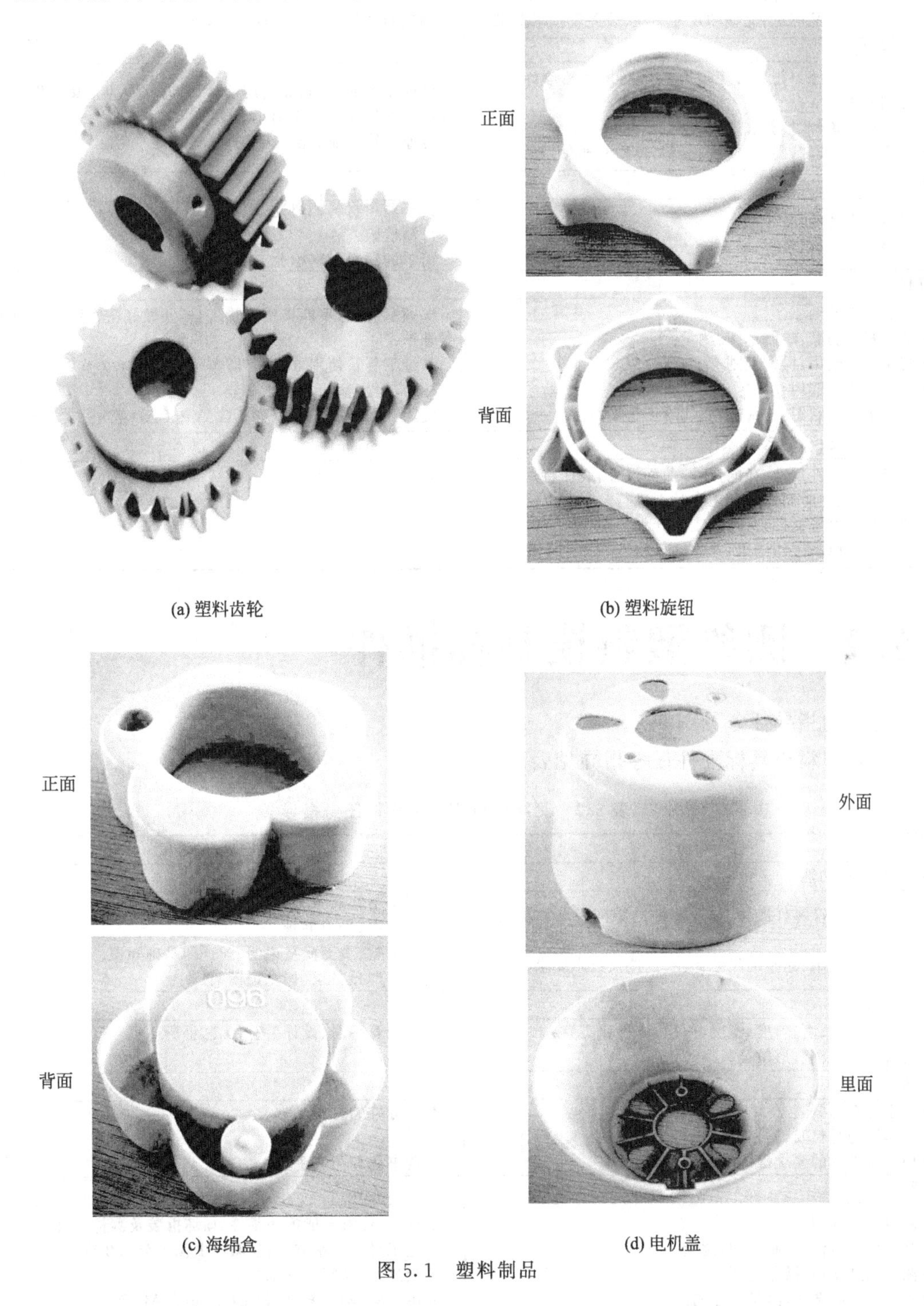

(a) 塑料齿轮　(b) 塑料旋钮　(c) 海绵盒　(d) 电机盖

图 5.1　塑料制品

测绘塑料制品任务指导见表 5.1。

表 5.1 测绘塑料制品任务指导

目标和内容	说明，辅助手段
分析：任务和功能	
● 借助塑料制品实物，描述零件的结构特点和功能(配图) ● 使用要求及环保标识 ● 制作塑料产品图纸；完整的尺寸标注、公差及技术要求	参阅本书第 1 章 塑料产品图册，专业书籍 制造商产品目录及说明，互联网网页
计算：基础	
● 确定并通过练习提高学生现有数学能力和袖珍计算器的使用能力 ● 各种尺寸单位：换算和应用 ● 计算：零件长度，斜度，锥度，面积，体积和质量	辅助手段的使用，如利用袖珍计算器，专业书籍和图表手册等在开始授课时应作简单介绍 专业计算手册和测量手册
材料	
● 塑料材料特性 ● 塑料材料名称、俗称，缩写	关于塑料材料的概述 目测检验 简单的塑料材料检验方法
过程	
● 制定工作计划 ● 测绘塑料制品：绘制草图，测量 ● 测量工具使用，操作规则 ● 测量方法的选用 ● 计算机辅助制图：三维造型；二维工程图	实训室：注意不能损伤测量工具，并做好精密测量工具的保养维护 测量工具及使用方法：参阅本书 4.1 至 4.2 节 测绘过程：参阅本书 4.3 节 使用 CAD 辅助软件(如 UG、AutoCAD 等)
检验，评估，文档，演示	
检验：壁厚，线性尺寸，径向尺寸，曲面尺寸，表面特性质量和功能 评估：是否按照时间计划和工作计划进行 文档：图纸(电子文件)，计算，工作计划 演示：工作过程，工作结果，改进的可能性	

5.2 测绘塑料模具标准件

选择的指导任务见图 5.2。

测绘塑料模具标准件任务指导见表 5.2。

表 5.2 测绘塑料模具标准件任务指导

目标和内容	说明，辅助手段
分析：任务和功能	
● 借助模具标准零件实物，描述零件的结构特点和功能(配图) ● 制作零件图纸；完整的尺寸标注、公差及技术要求	参阅本书第 2 章 模具图册，专业书籍 尺寸公差、表面质量说明、配合的基础知识、 制造商产品目录(如龙记模架)
计算：基础	
● 计算：零件长度，斜度，锥度，面积，体积和质量 ● 配合：尺寸公差，形位公差	专业计算手册，设计手册，工艺手册
材料	
● 关于材料的概述 ● 模具钢的材料及编号 ● 根据对零件的要求确定零件的材料	符合标准的材料名称 专业书籍和图表手册
过程	
● 制定工作计划 ● 测绘标准零件：绘制草图，测量 ● 测量工具使用，操作规则 ● 测量方法的选用，测量尺寸的圆整 ● 计算机辅助制图：三维造型；二维工程图	实训室：注意不能损伤零件、损坏拆装及测量工具 测量工具及使用方法：参阅本书 4.1 至 4.2 节 测绘过程：参阅本书 4.3 节 使用 CAD 辅助软件(如 UG、AutoCAD 等) 再深化相关知识

续表

目标和内容	说明，辅助手段
检验，评估，文档	
检验：径向尺寸，长度尺寸，圆轴度，垂直度，表面特性质量和功能 评估：是否按照时间计划和工作计划进行 文档：图纸（电子文件），计算，工作计划	

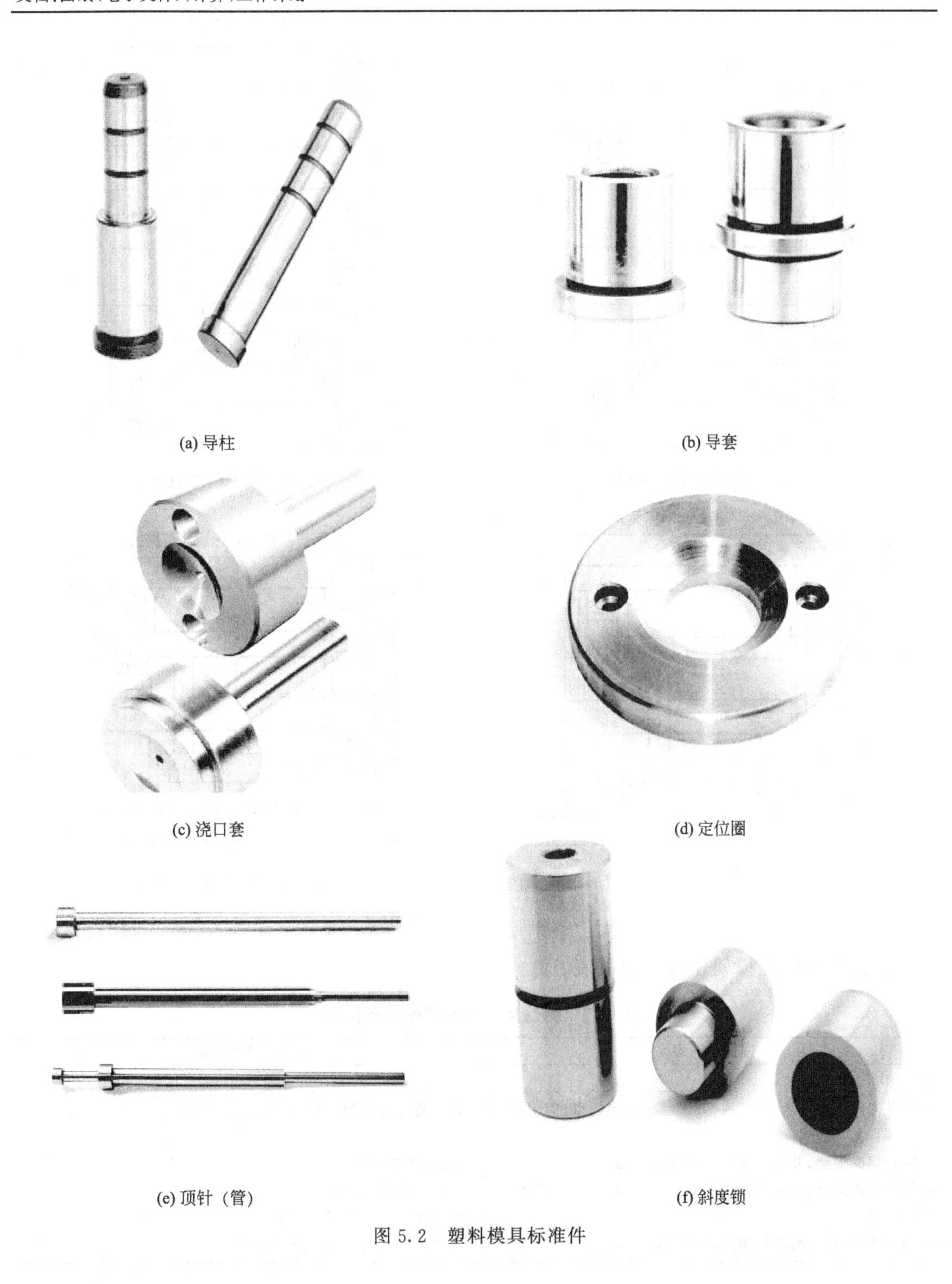

(a) 导柱　(b) 导套　(c) 浇口套　(d) 定位圈　(e) 顶针（管）　(f) 斜度锁

图 5.2　塑料模具标准件

5.3 拆装测绘典型标准模架

选择的指导任务见图 5.3。

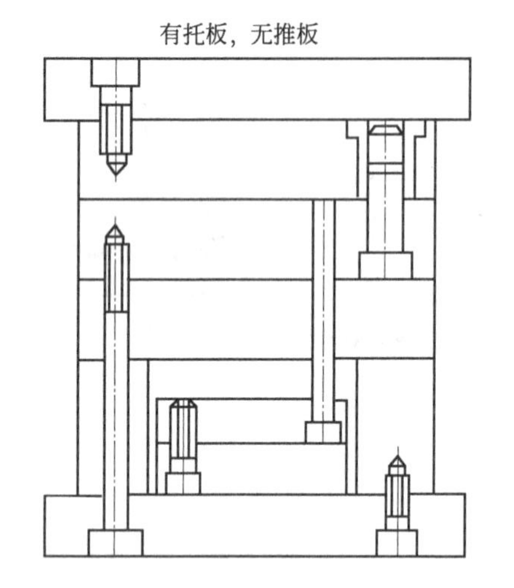

(a) 两板模标准模架（A型）

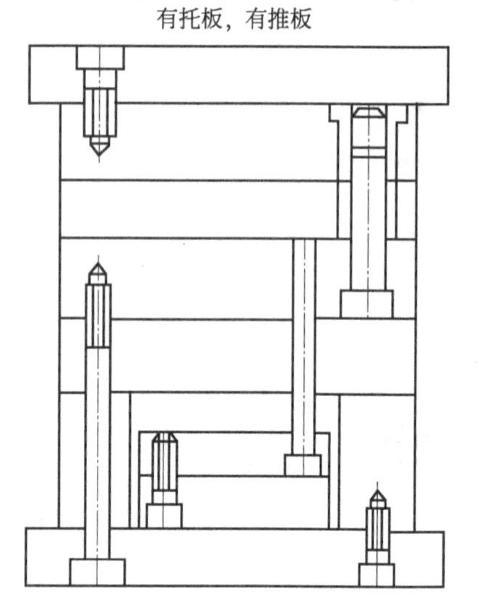

(b) 两板模标准模架（B型）

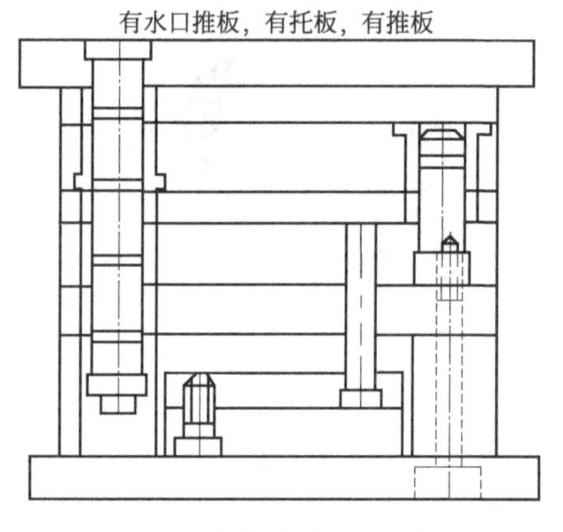

(c) 三板模标准模架（DB型）

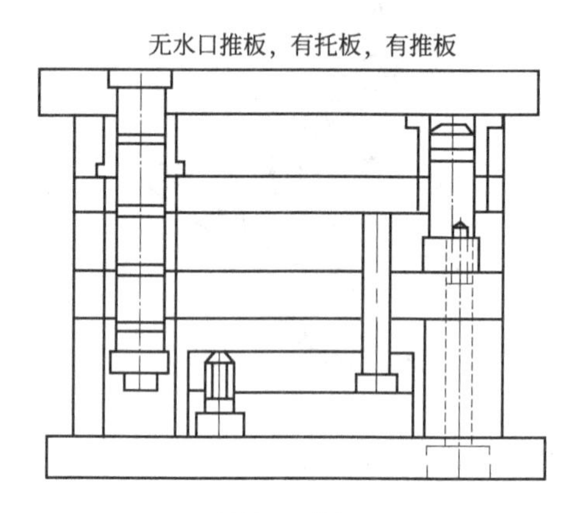

(d) 三板模标准模架（EB型）

图 5.3　典型标准模架

测绘典型标准模架任务指导见表 5.3。

表 5.3　测绘典型标准模架任务指导

目标和内容	说明，辅助手段
分析：任务和功能	
● 借助实际标准模架，描述模架的类型、结构特点、应用场合（配图）	比较各类标准模架有哪些优点和缺点
● 拆装标准模架，并描述各模板名称及功能	位置，数量，名称
● 制作零件图纸；必要时只做手绘示意图；必要的尺寸标注，简单公差	标准的名称和材料 参阅本书 2.8.2；专业书籍
● 制作装配图纸，编制简单的零部件明细表	制造商产品目录（如龙记模架）

续表

目标和内容	说明，辅助手段
计算：基础	
● 配合：各模板的平行度、垂直度	设计手册，工艺手册
材料	
● 确定各模板材料及对材料的要求 ● 热处理方法概况	符合标准的材料名称 硬度检验的可能性 专业书籍和工艺手册
过程	
● 制定工作计划 ● 拆装标准模架 ● 拆装工具使用，拆装规则 ● 测绘各模板：绘制草图，测量 ● 注意劳动保护和环境保护 ● 计算机辅助制图：三维造型；二维工程图	实训室：注意不能损伤零件、损坏拆装及测量工具 拆装过程：参阅本书 3.2 节 测量工具及使用方法：参阅本书 4.1 至 4.2 节 测绘过程：参阅本书 4.3 节 使用 CAD 辅助软件(如 UG、AutoCAD 等) 再深化相关知识
检验，评估，文档	
检验：长度尺寸，平面度，平行度，直角性，标准模架装配和功能 评估：是否按照时间计划和工作计划进行 文档：图纸(电子文件)，工作计划	

5.4 拆装测绘典型注塑模具

选择的指导任务参考图 5.4。

拆装测绘典型注塑模具任务指导见表 5.4。

表 5.4 拆装测绘典型注塑模具任务指导

目标和内容	说明，辅助手段
分析：任务和功能	
● 借助实际典型注塑模具，描述模具的类型、工作原理、结构特点(配图) ● 拆装模具，并确定该模具分型面形式，浇口形式，推出机构类型 ● 制作零件图纸；完善的尺寸标注、公差及技术要求 ● 制作装配图纸，编制零部件明细表	参阅本书第 2 章 模具结构图册，专业书籍 必要时，观看同类型模具的视频，观察理解模具的动作原理以及生产场景
计算：基础	
● 计算成型面积 ● 计算开模距离，推出距离 ● 配合	专业书籍，设计手册，工艺手册
材料	
● 确定各零件材料名称，代号 ● 考虑热处理 ● 材料尺寸：尽可能采用标准化	关于结构钢、模具钢材料的概述 硬度检验的可能性 简单的材料检验方法
过程	
● 制定工作计划 ● 拆装典型模具 ● 测绘各非标准零件：绘制草图，测量 ● 注意劳动保护和环境保护 ● 计算机辅助制图：三维造型；二维工程图	实训室：注意不能损伤零件、损坏拆装及测量工具；螺钉旋入既要拧紧，又不宜过负荷 拆装过程：参阅本书第 3 章 测绘过程：参阅本书第 4 章 使用 CAD 辅助软件(如 UG、AutoCAD 等) 再深化相关知识
检验，评估，建档	
检验：模具装配和功能 评估：是否按照时间计划和工作计划进行 建档：图纸(电子文件)，计算，工作计划	

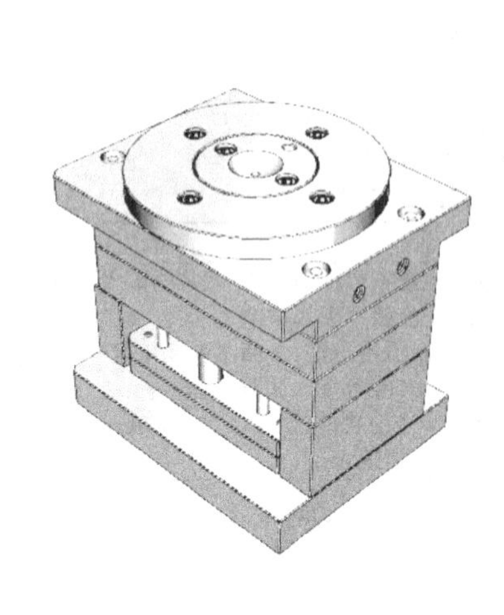

合模状态　　(a) 两板式注塑模具　　开模状态

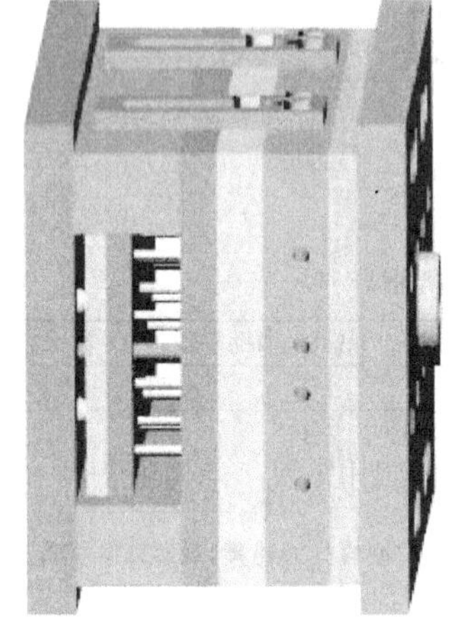

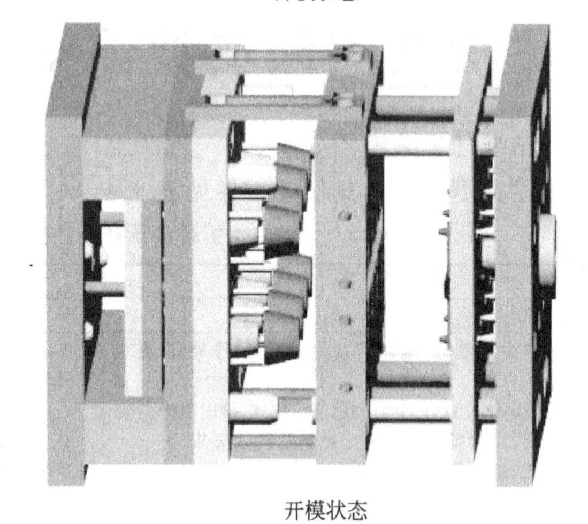

合模状态　　开模状态

(b) 三板式注塑模具

图 5.4　典型注塑模具

附录

附录1　塑料成型模具术语(摘自GB/T 8846—1988)

编号	术语	定义
1	塑料成型模具 (简称塑料模)	在塑料成型工艺中,成型塑件用的模具 注:圆括号内的字或词表示可以替代字或词
2	热塑性塑料模	热塑性塑料成型塑件时用的模具
3	热固性塑料模	热固性塑料成型塑件时用的模具
4	压缩模	借助加压和加热,使直接放入型腔内的塑料熔融并固化成型所用的模具
5	注射模	由注射机的螺杆或活塞,使料筒内塑化熔融的塑料,经喷嘴、浇注系统,注入型腔,固化成型所用的模具
6	无流道模	在连续成型作业中,采用适当的温度控制,使流道内的塑料保持熔融流动状态的注射模,包括采用延伸喷嘴的注射模
7	热流道模	连续成型作业中,借助加热,使流道内的热塑性塑料始终保持熔融流动状态的注射模
8	浇注系统	由注射机喷嘴或压注模加料腔到型腔之间的进料通道,其中包括主流道、分流道,浇口和冷料穴
9	主流道	● 注射模中,使注射机喷嘴与型腔(单型腔模)或与分流道连接的这一段进料通道 ● 压注模中,使加料腔与型腔(单型腔模)或与分流道连接的这一段进料通道
10	分流道	连接主流道和浇口的进料通道
11	浇口	连接分流道和型腔的进料通道
12	直接浇口	熔融塑料经主流道直接进入型腔的进料方式
13	环形浇口	沿塑件(或塑件上的孔)的整个外圆周而扩展进料的浇口
14	盘形浇口	沿塑件内圆周扩展进料的浇口
15	轮辐浇口	分流道像轮辐状分布在同一平面内,沿塑件的部分圆周扩展进料的浇口
16	点浇口	截面形状小如针点的浇口
17	侧浇口	设置在模具的分型处,从塑件的内或外侧进料,截面为矩形的浇口
18	潜伏浇口	分流道一部分位于分型面上;另一部分呈倾斜状潜伏在分型面下面(或上方)塑件的侧面里,设置脱模时便于自动切断的针点状浇口
19	护耳浇口	为避免在浇口附近的应力集中而影响塑件质量,在浇口和型腔之间增设护耳式的小凹槽,使凹槽进入型腔处的槽口截面充分大于浇口截面,从而改变流向,均匀进料的浇口
20	扇形浇口	从分流道到型腔方向的宽度逐渐增加呈扇形的侧浇口
21	冷料穴	注射模中,直接对着主流道的孔或槽,用以储存冷料
22	浇口套	直接与注射机喷嘴或压注模加料腔接触,带有主流道通道的衬套零件
23	分流锥	设在主流道内,用以使塑料分流并平缓改变流向,一般带有圆锥头的圆柱形零件
24	流道板	为开设分流道专门设置的板件

续表

编号	术语	定义
25	排气槽(孔)	为使型腔内的气体排出模具外,在模具上开设的气流通槽或孔
26	分型面	模具上用以取出塑件和(或)浇注系统凝料的可分离的接触表面
27	定模	安装在注射机固定工作台面上的那一半模具
28	动模	安装在注射机移动工作台面上的那一半模具,可随注射机作开闭运动
29	型腔	● 合模时,用来填充塑料,成型塑件的空间(即模具型腔) ● 有时也指凹模中成型塑件的内腔(即凹模型腔)
30	凹模	成型塑件外表面的凹状零件(包括零件的内腔和实体两部分)
31	镶件	当成型零件(凹模、凸模或型芯)有易损或难以整体加工的部位时,与主体件分离制造并嵌在主体件上的局部成型零件
32	活动镶件	根据工艺和结构要求,须随塑件一起出模,方能从塑件中分离取出的镶件
33	拼块	按设计和工艺要求,用以拼合成凹模或型芯的若干分离制造的零件
34	凹模拼块	用于拼合成凹模的若干分离制造的零件
35	型芯拼块	用于拼合成型芯的若干分离制造的零件
36	型芯	成型塑件内表面的凸状零件
37	侧型芯	成型塑件的侧孔、侧凹或侧台,可手动或随滑块在模内作抽拔、复位运动的型芯
38	螺纹型芯	直接成型塑件内螺纹的零件
39	螺纹型环	直接成型塑件螺纹的零件
40	凸模	压缩模中,承受压机压力,与凹模有配合段,直接接触塑料,成型塑件内表面或上、下端面的零件
41	嵌件	成型过程中,埋入或随压入塑件中的金属其他材料的零件
42	定模座板	使定模固定在注射机的固定工作台面上的板件
43	动模座板	使动模固定在注射机的移动工作台面上的板件
44	凹模固定板	用于固定凹模的板状零件
45	型芯固定板	用于固定型芯的板状零件
46	凸模固定板	用于固定凸模的板状零件
47	模套	● 使镶件或拼块定位并紧固在一起的框套形结构零件 ● 固定凹模或型芯的框套形结构零件的统称
48	支承板	防止成型零件(凹模、凸模、型芯或镶件)和导向零件轴向移动并承受成型压力的板件
49	垫块	调节模具闭合高度,形成推出机构所需的推出空间的块状零件
50	支承柱	为增强动模的刚度而设置在动模支承板和动模座板之间,起支承作用的圆柱形零件
51	模板	组成模具的板类零件的统称
52	斜销	倾斜于分型面装配,随着模具的开闭,使滑块在模内产生相对运动的圆柱形零件
53	滑块	沿导向件上滑动,带动侧型芯完成抽芯和往复动作的零件
54	侧型芯滑块	由整体材料制成的侧型芯和滑块
55	滑块导板	与滑块的导滑面配合,起导向作用的板件
56	楔紧块	带有楔角,用于合模时楔紧滑块的零件
57	斜槽导板	具有斜导槽,用以使滑块随槽作抽芯和往复运动的板状零件
58	斜滑块	利用与斜面配合而产生滑动、兼有成型、推出和抽芯作用的拼块
59	导柱	与安装在另一半模上的导套(或孔)相配合,用以确定动、定模的相对位置。保证模具运动导向精度的圆柱形零件
60	带头导柱	带有轴向定位台阶,固定段与导向段具有同一公称尺寸,不同公差带的导柱
61	带肩导柱	带有轴向定位台阶,固定段公称尺寸大于导向段的导柱
62	推板导柱	与推板导套间隙配合,用于推出机构导向的圆柱形零件
63	导套	与安装在另一半模上的导柱相配合,用以确定动、定模的相对位置,保证模具运动导向精度的圆套形零件
64	直导套	不带轴向定位台阶的导套

编号	术语	定义
65	带头导套	带有轴向定位台阶的导套
66	推板导套	与推板导柱间隙配合，用于推出机构导向的圆形零件
67	定位圈	使注射机喷嘴与模具浇口套对中，决定模具在注射机上安装位置的定位零件
68	锥形定位件	合模时，利用相应配合的锥面，使动、定模精确定位的组件
69	复位杆	借助模具的闭合动作，使推出机构复位的杆件
70	限位钉	对推出机构起支承和调整作用并防止推出机构在复位时受异物阻碍的零件
71	限位块	● 起承压作用并调整、限制凸模行程的块状零件 ● 限制滑块抽芯后最终位置的块状零件
72	定距拉杆	在开模分型时，用来限制某一模板，仅在限定的距离内作拉开和停止动作的杆件
73	定距拉板	在开模分型时，用来限制某一模板，仅在限定的距离内作拉开和停止动作的板件
74	推杆	用于推出塑件或浇注系统凝料的杆件
75	推管	用于推出塑件的管状零件
76	推块	在型腔内起部分成型作用，并在开模时把塑件从型腔内推出的块状零件
77	推件板	直接推出塑件的板状零件
78	推杆固定板	用以固定推出和复位零件的以及推板导套的板件
79	推板	支承推出和复位零件，直接传递机床推出力的板件
80	拉料杆	为了拉出浇口套内的浇注凝料，在主流道的正对面，设置头部带有凹槽或其他形状的杆件
81	分流道拉料杆	将埋入分流道的一端制成倒锥形或其他形状，用以保证开模时暂时拉住分流道凝料的杆件
82	推流道板	随着开模运动，推出浇注系统凝料的板件
83	冷却通道	模具内通过冷却循环水或其他介质的通道，用以控制所要求的模具温度
84	隔板	为改变蒸汽或冷却水的流向而在模具的冷却通道内设置的金属条或板
85	模架(注射模)	由模板、导柱和导套等零件组成，但型腔未加工的组合体
86	标准模架	由结构、形式和尺寸都标准化、系列化并具有一定互换性的零件成套组合而成的模架
87	注射能力	在一个成型周期中，注射机对给定塑料的最大注射容量或重量
88	收缩率	在室温下，模具型腔与对应塑件二者的线性尺寸之差和对塑件或模具线性尺寸之比
89	注射压力	注射机使熔融塑料注入模具型腔时所需施加的压力
90	锁模力	成型过程中，为保证动、定模相互紧密闭合而需施加在模具上的力
91	开模力	成型后，使模具从分型面上分开所需的力
92	脱模力	使塑件从模内脱出所需的力
93	抽芯力	从模内的成型塑件中，抽拔出侧型芯所需的力
94	抽芯距	将侧型芯从成型位置抽至不妨碍塑件取出位置时，侧型芯或滑块所需移动的距离
95	闭合高度	模具处于闭合状态下的总高度
96	最大开距	注射机或压机的动、定工作台或上、下工作台之间可分开的最大距离
97	投影面积	● 压缩模中，在与加压方向垂直的投影面上，加料腔投影的总面积 ● 注射模中，在与锁模力方向垂直的投影面上，注射塑料投影的总面积
98	脱模斜度	为使塑件顺利脱模，在凹模、型芯等成型零件与开模或抽拔方向一致的侧壁上设置的斜度
99	脱模距	分模后，取出塑件和主、分流道凝料所需的距离。

附录 2　中国与主要工业国家模具钢牌号对照表

序号	中国(GB)	美国(AISI)	日本(JIS)	德国(DIN)
1	T8	W1 和 W2	SK6	C80W2
2	10	W1 和 W2	SK4	C105W2
3	CrWMn	O7	SKS31	105WCr6
4	Cr12	D3	SKD1	X210Cr12

续表

序号	中国(GB)	美国(AISI)	日本(JIS)	德国(DIN)
5	Cr12MoV	D2	SKD11	X165CrMoV12
6	W18Cr4V	T1	SKH12	S10-0-1
7	4Cr5MoV1Si	H13	SKD61	X40CrMoV51
8	3Cr2W8V	H21	SKD5	X30WCrV93
9	10	1010	S10C	C10
10	20	1020	S20C	C22
11	45	1045	S45C	C45
12	55	1055	S55C	C55
13	40Cr	5140	SCr440	41Cr4
14	3CrMo	P20	—	—
15	65Mn	1566	—	—

附录 3　塑料制件尺寸公差标准（SJ/T 10628—1995）

基本尺寸/mm	精度等级							
	1	2	3	4	5	6	7	8
	公差数值/mm							
～3	0.04	0.06	0.08	0.12	0.16	0.24	0.32	0.42
3～6	0.05	0.07	0.08	0.14	0.18	0.28	0.36	0.46
6～10	0.06	0.08	0.10	0.16	0.20	0.32	0.40	0.52
10～14	0.07	0.09	0.12	0.18	0.22	0.36	0.44	0.60
14～18	0.08	0.10	0.12	0.20	0.24	0.40	0.48	0.68
18～24	0.09	0.11	0.14	0.22	0.28	0.44	0.56	0.82
24～30	0.10	0.12	0.16	0.24	0.32	0.48	0.64	0.94
30～40	0.11	0.13	0.18	0.26	0.36	0.52	0.72	1.04
40～50	0.12	0.14	0.20	0.28	0.40	0.56	0.80	1.20
50～65	0.13	0.16	0.22	0.32	0.46	0.64	0.92	1.40
65～80	0.14	0.19	0.26	0.38	0.52	0.76	1.04	1.60
80～100	0.16	0.22	0.30	0.44	0.60	0.88	1.20	1.80
100～120	0.18	0.25	0.34	0.50	0.68	1.00	1.36	2.00
120～140	—	0.28	0.38	0.56	0.76	1.12	1.52	2.20
140～160	—	0.31	0.42	0.62	0.84	1.24	1.68	2.40
160～180	—	0.34	0.46	0.68	0.92	1.36	1.84	2.70
180～200	—	0.37	0.50	0.74	1.00	1.50	2.00	3.00
⋮	⋮	⋮	⋮	⋮	⋮	⋮	⋮	⋮

注：本标准只规定公差值，而基本尺寸的上、下偏差，可根据需要进行分配。

附录 4　塑料模具零件常用钢材的选用

结构零件钢		模具钢			
		通用模具钢		专用模具钢	
钢号	应用	钢号	应用	钢号	应用
Q235（A3）	动模、定模座板，垫块	CrWMn	热变形小的热固性压缩模	P20（预硬钢）	中、小型热塑性塑料注塑模
45	推杆固定板，侧滑块导轨，侧滑块体；形状简单的型芯、型腔	9Mn2V	热固性塑料压缩模，压注模，注射模	SM1（预硬钢）	中、大型热塑性塑料注塑模

续表

结构零件钢		模具钢			
		通用模具钢		专用模具钢	
钢 号	应 用	钢 号	应 用	钢 号	应 用
55	推板，侧滑块体，锁楔，凹模套，复位杆，直径较大的推杆，型芯固定板，支承板等	CrMn2SiWMoV	热固性塑料注塑模的复杂型芯、嵌件	PMS 8CrMn（镜面钢）	热塑性、热固性塑料注塑模
		5CrMnMo	大型热塑性注塑模	SM2（硬化钢）	热塑性、热固性塑料注塑模
40Cr	小型芯，推杆，各脱模机构零件	20CrMnTi	小型精密型腔嵌件	PCR	PVC 塑料热塑性注塑模
T7A T8A	导柱，导套，斜销，方销，推杆，耐磨垫片等	38CrMoAl	成型有腐蚀气体的注塑模型腔（如 PVC、PC）	40Cr5MoSiVS	大型热塑性塑料注塑模

附录 5　塑料模具拆装与测绘实训指导

【实训的目的和意义】

（1）通过塑料模具拆装实训，了解典型塑料模具结构、工作原理。

（2）了解组成塑料模具的零件名称及其作用、结构及常用材料和一般热处理要求。

（3）熟悉各零件之间的装配关系、装配顺序、装配方法及装配工具的使用。

（4）通过这一实践环节，增强学生的感性认识，锻炼学生的实践动手能力，提高分析问题和解决问题的能力，为今后的学习和工作奠定实践基础。

【实训任务】

（1）按要求正确拆卸模具。

（2）测画模具非标准件的零件草图。

（3）按拆卸过程的逆向顺序，重装模具。

（4）画模具零件图和装配图。

【注意事项】

（1）不准用铁榔头直接敲打模具，防止模具零件变形。

（2）分开模具前要将各零件连接关系做好标记。

（3）绘制模具装配图时，应打开模具，绘制动模部分的俯视图，装配图的右上角为塑料零件图。

【实训准备】

1. 准备工具与材料

内六角扳手、活口扳手、钢丝钳、十字和一字螺丝刀、ϕ35mm×250mm 紫铜棒、1/2in×300 镀锌水管、手锤（1.51b）、ϕ6mm×100mm 及 ϕ8mm×100mm 顶杆或销钉、2m 卷尺、150mm 游标卡尺、清洗箱、塑料盒（盛装零件用）、煤油、油石。

指定专人负责领用并清点工具，了解工具的使用方法及使用要求。

2. 准备拆卸的模具

拆装的模具类型应有：①塑料注射模，包括具有侧浇口及潜伏式浇口的单分型面，点浇口的双分型面模，斜导柱向分型与抽芯注射，斜滑块侧向分型与抽芯注射模各一至数套；②压缩模、压注模各1～2套。

3. 熟悉实训要求

复习有关标准和理论知识，详细阅读本指导。实训时带齐绘图仪器和纸、笔等文具用品。

4. 小组人员分工

按班级人员多少分为若干组，每组5人左右并指定组长，分工负责拆卸、观察、测量、记录、绘图等工作。当模具类型和数量不够时，对同一套模具各组轮流拆装。

【实训步骤】

1. 模具外部清理与观察

仔细清理模具外观的尘土及油渍，并仔细观察典型塑料模具外观。记住各类零部件结构特征及其名称，明确它们的安装位置，安装方向（位）。明确各零部件的位置关系及其工作特点。

2. 模具的拆卸

（1）首先要拆出模具锁板（在模具搬运和吊装时，防止动、定模自动分离而发生事故，因此用锁板把动、定模固定在一起）和冷却水嘴。若是三板模且定距拉板（杆）在模外，要拆出定距拉板。

（2）把动模和定模分开。

（3）动模部分拆卸顺序。

紧固螺钉、销钉、推管内型芯顶丝→动模座板→垫块（模脚）→推板上的紧固螺钉→推板→推杆、拉料杆、推管→推杆固定板→支承板→动模板或顶出板→动模型芯→导柱

（4）定模部分拆卸顺序。

定位圈紧固螺钉→定位圈→定模座板上的紧固螺钉→定模座板→定模板→浇口套→导套（是热流道结构的，要小心把热流道系统从模具内拆出，避免损坏加热元件和热传感器）

（5）用煤油、柴油或汽油，将拆卸下来的零件上的油污、轻微的铁锈或附着的其他杂质擦拭干净，并按要求有序存放。对所拆下的每个零件进行观察、测量并作记录，避免在组装时出现错误或漏装零件。

3. 拆卸注意事项

（1）正确使用拆卸工具和测量量具，拆卸配合件时，可采用拍打、压出等不同方法对待不同的配合关系的零件。注意受力平衡，不可盲目用力敲打，严禁用铁榔头直接敲打模具。

（2）不可拆卸零件和不易拆卸的零件不要拆卸，拆卸遇到困难时要分析原因，并请教指导老师，不放过问题。

（3）拆卸过程中要特别注意自身安全，不损害模具、工具。遵守课堂纪律，服从老师安排。

4. 草绘零件图

塑料模的组成零件按用途可分为3类：成型零件、结构零件和导向零件，观察各类零部件结构特征，并记住名称。

(1) 成型零件：凹模、凸模、型芯、螺纹型芯、螺纹型环等。

(2) 结构零件：动模座板、垫块、推板、推杆固定板、动模板、定模板、定模座板、浇口套、推杆、推管、复位杆等。

(3) 导向零件：导柱、导套、小导柱、小导套、导轨、滑块等。

测量各零件尺寸，并进行粗糙度估计，配合精度测估，画出零件图，标注尺寸公差。

5. 模具装配

(1) 装配前，先检查各类零件是否清洁，有无划伤等，如有划伤或毛刺（特别是成型零件），应用油石油平整。

(2) 拟定装配顺序。装配顺序是按照拆卸的逆向顺序进行的，即先拆的零件后装，后拆的零件先装。

(3) 动模部分装配。将凸模型芯、导柱等装入动模板，将支承板与动模板的基面对齐。将装有小导套的推杆固定板套入装在支承板的小导柱上，将推杆和复位杆穿入推杆固定板、支承板和动模板。然后盖上推板，用螺钉拧紧，再将动模座板、垫块、支承板用螺钉与动模板紧固连接。最后安装水嘴。

动模安装要点如下。

① 导柱装入动模板时，应注意拆卸时所做的记号，避免方位装错，以免导柱或定模上导套不能正常装入。

② 推杆、复位杆在装配后，应动作灵活，尽量避免磨损。

③ 推杆固定板与推板需有导向装置和复位支承。

(4) 定模部分装配。将导套和凹模镶件装入到定模板内，将浇口套装入到定模座板上，是热流道结构的，要小心把热流道系统装入模具内，再用螺钉将定模板与定模座板紧固连接起来，然后将定位圈用螺钉连接在定模座板上。最后安装水嘴。

(5) 动模在下，定模在上，按标记把动、定模合模，保证导柱、导套顺滑无卡阻现象。用螺栓和锁板把动、定模锁紧，确保在搬运和使用吊装过程中的安全。

(6) 检查装配后的模具与拆卸前是否一致，是否有装错或漏装现象。

6. 绘制模具装配图

一张完整的装配图应包括下列内容。

(1) 两组图形。一组用来表示模具装配体的结构形状、工作原理、各零件的装配和连接关系以及零件的主要结构形式。另一组表示模具所产生的制件形状和尺寸、公差。

(2) 必要的尺寸。在装配图上标出模具的长、宽、高尺寸。

(3) 技术要求。用符号或文字注明模具在装配、检验、调试、使用等方面应达到的技术要求。

① 装配要求，指装配过程中应注意的事项及装配后应达到的技术要求。

② 使用要求，对模具的性能、维护、保养、使用注意事项的说明。

(4) 序号、明细表和标题栏。为便于阅读模具装配图和生产过程的图纸、技术文件管理、标准件采购、生产过程控制，装配图中各零件必须填写序号、图号、标题栏、明细表。

在绘制模具装配图时，如果图纸幅面不够大，在一张图纸上画不下所有内容，那么制件图和明细表可另外画出。

7. 绘制模具零件图

模具零件图应包括模具零件公差、表面粗糙度，注明零件名称、材料及必要的热处理等技术要求。

【实训报告】

略。

参 考 文 献

[1] 《塑料模设计手册》编写组．塑料模设计手册．北京：机械工业出版社，2002.

[2] 邹继强．塑料模具设计参考资料汇编．北京：清华大学出版社，2005.

[3] 中国就业培训技术指导中心组织．模具设计师（注塑模）．北京：中国劳动社会保障出版社，2009.

[4] ［德］约瑟夫·迪林格，等．机械制造过程基础．杨祖群译．长沙：湖南科学技术出版社，2013.

[5] ［德］乌尔里希·菲舍尔，等．简明机械手册．云忠，杨放琼译．长沙：湖南科学技术出版社，2010.

[6] 李月琴，等．机械零部件测绘．北京：中国电力出版社，2007.

[7] 杨海鹏．模具拆装与测绘．北京：清华大学出版社，2009.

[8] 齐卫东．塑料模具设计与制造．北京：高等教育出版社，2004.

[9] 黄虹．塑料成型加工与模具．北京：化学工业出版社，2002.

[10] 王晖，等．模具拆装及测绘实训教程．重庆：重庆大学出版社，2006.

[11] 谢力志，等．模具拆装及成型实训教程．杭州：浙江大学出版社，2011.

[12] 邓志久，等．塑料成型模具．北京：北京理工大学出版社，2009.

[13] 范家柱，等．零件测量与质量控制技术．北京：清华大学出版社，2009.

[14] 周堪学，等．图解机械零件精度测量及实例．北京：化学工业出版社，2009.

[15] ［日］技能士の友编集部．测量技术．徐之梦，翁翎译．北京：机械工业出版社，2009.

[16] 张信群．塑料成型工艺与模具结构．第2版．北京：人民邮电出版社．2010.

[17] 张铮．模具设计与制造实训指导．北京：电子工业出版社，2000.

[18] 游文浴，等．模具制图学．台北：全华科技图书股份有限公司，1991.

[19] 钱可强．机械制图．第5版．北京：中国劳动社会保障出版社，2007.